도시학자와 떠나는 세계도시기행

시티도슨트

도시학자와 떠나는 세계도시기행

시티도슨트

강우원 지음

좋은땅

들어가면서

나에게 해외여행이란 세계도시를 기행하는 것이었고, 도시 답사의
성격이 강했다. 이렇게 도시 답사에 집중했던 것은, 전공이 도시관리
이기도 했거니와 각 도시에는 고유의 역사, 경제, 문화예술, 삶이 모두
응축되어 있어 들여다보는 재미가 있어서였다. 그래서 단순히 해외 도
시를 둘러보고 즐기는 데 그치지 않았다. 그 도시가 역사에 등장하게
된 기록을 찾아보고, 도시 건축과 같은 물적 유적, 고유한 문화적 정
서와 예술을 확인하는 일에 집중해 왔다. 그러다 보니 아무래도 즐기
지 못하는 아쉬움이 있었으나 공부하는 재미가 절대로 적지 않았다.
이런 기록이 쌓이다 보니 도시를 다르게 들여다보았던 학술적 정보와
감동을, 같은 지적 호기심을 가진 이들과 공유하면 어떨까 하는 생각
이 들었다. 해외여행이 자유롭지 않은 팬데믹(Pandemic) 시대이니만
큼 대리만족도 할 수 있고, 미리 공부하는 보람도 있을 것이라는 기대
도 있었다. 그래서 언젠가 다가올 완전한 엔데믹(Endemic)을 그리며
틈틈이 작성해 놓은 자료와 메모들을 엮어 보기로 했다.

그렇게 이 책을 기획하고 출발했지만 결정해야 할 기준과 원칙이 적
잖게 고민스러웠다.

가장 먼저 결정해야 할 것은 '어떤 도시를 선정할 것인가'였다. 각
나라를 대표하는 세계 주요 도시들을 담고자 하였다. 자연스럽게 아
시아 국가의 도시와 함께 서울도 포함되었다. 주 대상으로 하는 독자
는 혼자 또는 두세 사람이 떠나는 해외 자유여행을 상상했다. 여행사

에서 마련한 패키지여행으로 떠나는 여행자들은 크게 고려하지 않았다는 뜻이다.

그러면서 마음속으로 몇 가지 전제를 정해 놓았다. 여행에서 자는 것, 먹는 것을 도외시할 수 없겠지만 이를 과감하게 제외했다. 인터넷에 이와 관련된 정보가 넘치기 때문이다. 그래도 어떤 도시를 방문하든 찻집이나 식당 등에 앉아 그 도시 사람들을 관찰하는 여유 시간을 가질 것은 꼭 권한다. 책과 영상 등으로는 결코 느낄 수 없는, 도시의 살아 있는 모습을 가슴속에 새길 수 있는 소중한 기회이기 때문이다.

또 혼자 미술관 투어를 할 정도로 그림을 사랑하지만, 여행 중에 만나게 되었던 여러 미술 전시회와 미술작품에 대한 감상평도 최소화하였다. 미술 전문가들 이상으로 그 위대함과 감동을 제대로 전달하기 어려울 것으로 생각해서 그들의 몫으로 남겨 놓고자 하였다.

사진 자료 등은 저작권 문제도 있고 해서 최대한 스마트폰 사진기를 이용하여 직접 찍은 사진에 의존하였다. 정리하다 보니 사진을 제대로 찍어 놓지 못한 아쉬움이 컸다.

이렇게 시작한 작업은 기대 이상으로 무척 즐겁고 흥미진진한 시간이었다. 잊고 있었던 그때의 기억이 되살아나면서 여행을 한 번 더 다녀온 듯 즐거웠다. 그리고 다시 나설 여행계획을 짜는 것처럼 흥분도 되었다. 나는 언젠가 '시티도슨트(City Docent)'가 되고자 하는 꿈을 가지고 있다. 시티도슨트는 이미 있던 용어가 아니라 내가 임의로 만들어 낸 조어이다. 미술관에서 도슨트를 만나 그림을 이해하는 데 도움을 구하게 되듯, 도시여행에서 도시를 이해하는 데 도움을 주는 역할을 하는 전문가라는 개념의 조어이다. 이 작업 과정이 시티도슨트가 되기 위한 첫걸음으로 느껴졌다. 이 책의 제목으로 정한 이유이기도 하다. 이 글을 읽는 독자들도 시티도슨트와 함께 떠나는 세계도시여행처럼 재미와 보람이 함께하길 기대한다.

'뉴요커(New Yorker)', '파리지엔(Parisienne)'이 마치 고유명사처럼 사용되고 있다. 서울도 '서울라이트(Seoulite)'가 있고 순우리말로 '서울깍쟁이'도 있다. 하지만 외국의 표현들은 이미 보편화된 것에 비해 우리의 서울은 아직 제대로 정착되지 못한 듯하다. 세계 대도시와 비교해 가며 서울을 정리하다 보니 절대 뒤지지 않은 서울의 매력을 확인할 수 있었다. 그러면서 서울, 더 나아가 부산, 대구, 광주가 주는 낭만과 문화예술, 그리고 도시 경관이 어우러진 아이덴티티가 탄생하길 기대하는 마음 가득하다. '부산너' '광주커'처럼 말이다. 그리고 이 작은 책이 세계적으로 600만 명 이상이 목숨을 잃었고, 5억2천만 명 이상이 코로나19로 고통을 겪고 있는 팬데믹(Pandemic) 시대를 이겨내는 새로운 희망과 의욕이 되길 기원한다.

마지막으로, 기술하는 과정에서 철저하고자 했던 검증 노력에도 불구하고 오류가 있거나 잘못된 해석이 있으면 이것은 전적으로 저자의 부족한 식견에서 비롯된 것으로 널리 이해를 바란다.

강우원

목차

들어가면서 — 4

세계의 도시

세계의 도시

1. 뉴욕 New York

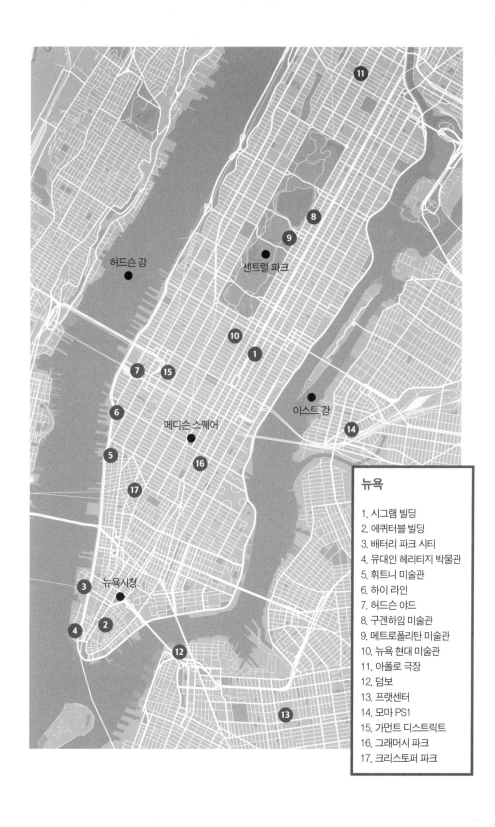

허드슨 강

센트럴 파크

이스트 강

메디슨 스퀘어

뉴욕시청

뉴욕

1. 시그램 빌딩
2. 에쿼터블 빌딩
3. 배터리 파크 시티
4. 유대인 헤리티지 박물관
5. 휘트니 미술관
6. 하이 라인
7. 허드슨 야드
8. 구겐하임 미술관
9. 메트로폴리탄 미술관
10. 뉴욕 현대 미술관
11. 아폴로 극장
12. 덤보
13. 프랫센터
14. 모마 PS1
15. 가먼트 디스트릭트
16. 그래머시 파크
17. 크리스토퍼 파크

20여 년 지나 뉴욕으로

사람들에게 뉴욕은 '꿈의 도시'로 통한다. 미술애호가들은 메트로폴리탄 미술관the Met이나 뉴욕 현대 미술관MoMA에서 평소 동경해 마지않던 미술작품을 감상할 수 있는 기회가 있길 꿈꾼다. 클래식 음악 애호가들은 카네기홀Carnegie Hall에서 정통 클래식 음악에 빠질 수 있길 고대한다. 이와 같은 특별한 애호가가 아닌 보통 사람들도 뉴욕 맨해튼을 걸으며 '파이브 가이즈Five Guys'의 햄버거를 먹거나, 브로드웨이Broadway 42번가에서 뮤지컬 〈오페라의 유령the Phantom of the Opera〉을 즐길 수 있길 꿈꾼다.

이런 꿈의 도시, 뉴욕도 역사에 등장하기 시작한 것은 불과 몇백 년 전부터이다. 이후 지속적인 성장과 변화를 거쳐 누구나 동경하는 도시가 되었다. 하지만 세계적인 금융도시이자 문화예술도시인 뉴욕 맨해튼 한복판에 의류공장이 자리 잡고 있다. 또 지하철 몇 정거장을 타고 가면 음산한 분위기의 할렘도 있고 폐조선소의 도시재생사업 현장도 목격하게 된다. 이렇다면 뉴욕의 민낯은 무엇인지 궁금하지 않을 수 없다.

오랜만에 뉴욕으로 향한다. 여러 차례 방문했던 뉴욕이지만, 나의 기억으로는 맨해튼Manhattan이 전부였다. 설레는 마음으로 책 한 권을 안고 뉴욕으로 가는 비행기에 오른다. 장거리 비행기에 탑승할 때 지루한 시간에 대비해서 한 권의 책을 준비하는 것은 오랜 여행 습관이다. 책의 작가는 미술 전공의 뉴요커로서, 10여 년의 뉴욕 생활을 정리한 미술 중심의 안내서였다. 꼼꼼하게 잘 정리된 책이다. 덕분에 기내에서 쉽게 완독할 수 있었다.

13시간을 날아와 존 에프 케네디 공항John F.Kennedy International Airport에 도착했다. 공항에서 맨해튼으로 이동하는 방법은 여럿 있다. 가장 저렴하고 익숙한 에어 트레인Airtrain과 지하철을 이용하는 방식을 택했다. 공항 터미널을 순회하는 에어 트레인에 탑승하여 인근 자마이카Jamaica역에서 지하철로 갈아타고 도심 맨해튼으로 진입하는 방식이다.

호텔에 짐을 풀고 몇몇 지인에게 연락을 취해 안부를 묻는다. 사실 인터넷전화를 이용하면 국내에서도 무료로 통화할 수 있는 일이건만 이렇게 현지에 와서야 안부를 확인하는 것이 우스꽝스러운 모양새다. 그중 잘 아는 대학원 후배가 암 투병 중이라니 마음이 무겁다.

잠시 휴식을 취하고는 거리로 나섰다. 가장 가까운 거리의 록펠러센터Rockefeller Center를 찾는다. 록펠러센터는 12개 건물군으로 이루어진 복합시설이다. 크리스마스트리와 야외스케이트장이 들어선 선큰플라자Sunken Plaza 주변은 그야말로 발 디딜 틈이 없다.

록펠러센터 앞 야외스케이트장

시그램 빌딩

사람 구경을 잠깐 하고는 파크애버뉴Park Avenue에 들어서 있는 시그램 빌딩Seagram Building으로 발길을 돌린다. 이 38층짜리 빌딩은 1958년에 완공되었는데, 당시 유행하던 웨딩케이크 건물 형상을 지양하고 건물 전면에 공개공지(open space)를 확보하여 열린 공간을 제공하였던 파격적인 건물이었다. 일부러 시그램 빌딩을 찾아 나선 것은 두 가지 의의가 있는 역사적 건물이기 때문이다. 첫째는 오늘날 뉴욕 도시계획의 뼈대가 되는 1961년 뉴욕 조닝New York Zoning을 수립하는 데 있어 시금석이 되었던 건물이기 때문이다. 둘째는 건축적으로도 극단적 단순함을 추구하는 국제주의 양식(International Style)의 꽃이 된 건물이기도 하다는 점이다. 이 건물은 미스 반 데어 로어Mies van der Rohe와 필립 존슨Philip Johnson이 설계했는데, 필립 존슨은 건축의 노벨상이라 불리는 프리츠커상의 제1회 수상자이기도 하다. 이 건물은 1970년에 완공된 서울 청계천 입구의 삼일빌딩과 아주 흡사한 외양이지만, 삼일빌딩은 국내 건축가 김중업의 설계 작품이다.

뉴욕의 등장과 도시계획

뉴욕을 조금 더 이해하기 위해서 뉴욕의 발전 역사와 뉴욕 도시계획제도의 변천 과정을 살펴볼 필요가 있다. 뉴욕은 언제 어떻게 역사기록에 등장하게 되었을까. 1609년 영국인 헨리 허드슨Henry Hudson에 의해 발견된 맨해튼Manhattan은 처음에는 네덜란드의 식민도시로 유지되었다. 영국인이 발견했지만, 네덜란드 식민도시로 유지되었던 이유가 있다. 헨리 허드슨이 네덜란드 동인도회사와 계약을 맺고 항해에 나섰기 때문이다. 그 이후 1664년에는 영국에 의해 지배를 받게 되고

1776년 독립에 이르게 된다.

독립 이후 1811년에 최초로 결정된 도시계획에 따라, 뉴욕 맨해튼은 네덜란드 암스테르담Amsterdam을 모방하여 격자형으로 나눈다. 남북으로 폭 30m로 12개 도로, 동서로는 폭 18m의 155개 도로로 나누어서 모두 2,028개 블록(block)을 만든다. 그래서 블록의 크기는 180m × 60m를 기본으로 하고, 이를 다시 7.5m × 30m의 획지(lot)로 구분한다. 그래서 맨해튼에서 점포를 전면에서 보면 폭에 비해 내부 깊이가 훨씬 크다는 것을 알 수 있다.

뉴욕 초창기 가로망도(뉴욕시 홍보물에서 재촬영)

미국에서는 도시계획이 각 도시의 고유권한에 해당한다. 그래서 도시마다 도시계획 관련 법제가 다 다르다. 애초 뉴욕은 가로망 계획 외에는 특별한 규제가 없었다. 왜냐하면 고층 건물을 지을 수 있는 건축 기술이 발달하지 않았기 때문에 특별히 규제할 필요가 없었다. 그런데 점점 건축 기술이 발달하면서 뉴욕에 고층 건물이 들어설 수 있게 되었고, 이에 따라 갖가지 문제가 드러나기 시작했다. 대표적인 것이 1915년에 완성된 에퀴터블 빌딩Equitable Building이다. 에퀴터블 빌딩은 보도에 바로 연접하여 높이 538피트(feet), 미터로 환산하면 165m로 건설되다 보니 일조권, 통풍 문제에다 폐쇄적이고 위압적인 경관이 연출되었던 것이다.

에퀴터블 빌딩(가운데)

에퀴터블 빌딩과 보도 경계 부분

이 문제를 해결하고자 뉴욕은 1916년에 지역제 조례(Zoning Ordinance)를 제정하고 이에 근거한 건축규제(New York City Building Zone Resolution)를 적용하기 시작했다. 도시를 여러 용도지역(zoning)으로 나누고, 용도지역별로 건물의 용도, 높이, 건폐율을 종합적으로 규제하였다. 이 규제에 따르면, 사선제한을 도입하여 전면도로 폭을 고려하여 건물의 상층부까지 점진적으로 후퇴하는 한편, 대지면적의 25%는 높이 제한이 없도록 허용하였다. 그 결과 오늘날에도 뉴욕에서 많이 볼 수 있는 웨딩케이크형 건물이 등장하게 된 것이다.

1961년에 들어서는 천공노출면 규제(Sky Exposure Plan)로 대체된다. 아무런 높이 규제가 없는 천공노출면의 비율을 25%에서 40%로 늘렸다. 그리고 대지면적에 대한 건물 연 면적 비율을 의미하는 용적률 개념을 도입하면서 사무용 건물의 용적률을 15로 정하였다. 시그램 빌딩과 같이 건물 주변에 개방 공간(open space)을 확보하면 용적률에 인센티브(incentive)를 부여하기도 했다.

가장 최근에는 맥락 조닝(Contextual Zonning)을 도입하고 있다. '나 홀로 아파트'같이 뜬금없이 들어서는 고층 건물을 막아 보자는 취지이다. 인근 지역과의 조화를 고려하여 상업지역에서는 맥락상업지역과 비맥락상업지역으로 구분한다. 전자는 인근 지역과의 조화를 위한 용적률 규정을 적용받고, 후자는 천공노출면 규정을 적용받는다. 이렇게 해서 오늘날 뉴욕의 도시 경관이 탄생하게 된 것이다.

웨딩케이크형 건물의 예

부동산으로 뉴욕을 보다

새벽에 눈을 떴다. 자정도 되기 전에 잠을 깼으니 더 정확하게는 한밤중이었다. 아침까지 뒤척이다 누룽지 한 숟갈을 들고 길을 나섰다.

뉴요커의 출근길 모습을 함께하며 센트럴파크Central Park까지 직진한다. 1857년에 개장한 센트럴파크는 해마다 300만 명의 관광객이 찾는, 뉴욕을 대표하는 공원이다. 조경설계자 옴스테드Frederick Law Olmsted 등이 설계한 이 공원은 미국적인 도시 상황에 영국의 고전적 낭만주의 양식을 적용한 디자인개념을 담고 있다. 조경을 위해 예술품을 도입하였고 지형을 비롯한 자연경관을 그대로 이용하되 들과 숲과 물 사이에 공간의 균형을 유지하고자 하였다.

훌륭한 공원의 인근에 고급주택이나 호텔 등이 들어서려는 것은 당연한 일이다. 센트럴파크 서쪽에 면하고 있는 다코타Dacota 지역에는 중정형 고급주택이 들어서 있다. 전설적인 가수 존 레논John Lennon이 거주하던 곳이다. 다코타 지역에 면한 센트럴파크 내에는 그의 죽음을 위로하고 추억하는 'imagine' 표식의 마크가 있다.

지하철을 이용하여 남쪽 트라이베카Tribeca까지 내려간다. 트라이베카에 있는 부동산 법인의 담당자와 사전에 약속이 되어 있었다. 부동산 정보는 그 도시의 경제 상황과 토지이용 여건을 이해하는 데 중요한 정보인지라 기대를 하고 나섰다. 가는 길에 부동산사무실 인근에서 가장 최근 새롭게 개발하여 비싼 가격에 분양했다는 〈56 레오나르드 56 Leonard〉를 만난다. 56 레오나르드는 57층의 캔틸레버(cantilever), 콘크리트와 유리로 꾸며져 있으며 135개 아파트와 10개의 펜트하우스 스위트로 구성되어 있다. 건물 형상 때문에 '젠가(Jenga)'라는 별

센트럴파크 내 Imagine 표식

명이 붙은 이 건물은 프리츠커상 수상자인 스위스 출신의 건축가 헤르조그와 드 뫼롱Herzog & de Meuron이 설계했다. 뉴욕에서는 곳곳에서 유명 건축가의 설계 작품과 조우할 수 있는데, 마치 세계적인 건축가의 설계 작품 전시장 같다.

부동산 법인의 담당자는 정성을 다해 현장감 있게 뉴욕의 부동산을 설명한다. 수년 전에 개발이 활발히 이루어졌던 맨해튼의 서쪽 배터리 파크 시티Battery Park City에서부터 이야기를 풀어간다. 배터리 파크 시티는 뉴욕시가 소유한 허드슨강Hudson River 변의 37만㎡ 매립지를 복합 개발한 신시가지(Newtown-in-Town)이다. 서울의 목동신시가지와 같은 곳이라고 할 수 있다. 개발 주체를 별도로 설립해서 1968년부터 30년 동안 계획적으로 개발하였는데, 21만㎡의 사무실과 1만여 세 대의 주거가 공급되고 호텔, 박물관과 학교, 요트장이 갖추어져 있다. 전제 면적의 30% 이상이 공원 등 공공용지(public space)로 개발되다 보니 쾌적하다고 소문이 나면서 2017년에는 뉴욕시에서 가장 살기 좋은 곳으로 선정되기도 했다. 하지만 대지가 국공유지이기 때문에 낮은 가격으로 주택을 구매할 수 있는 매력은 있지만, 거주를 위해서는 토지분 임대료와 공원이용료를 부담해야 하므로 주거비용 부담이 적지 않다. 그래서 투자처로서는 상대적으로 인기가 없다고 할 수 있단다.

그리고 버스터미널Port Authority Bus Terminal, 뉴욕 타임스지New York time 본사가 있는 지역을 미드 웨스트Midwest라고 하는데, 주로 1~2년의 단기체류자와 관광객이 많이 몰리는 지역적 특징이 있다.

배터리 파크 시티 시가지 전경

배터리 파크 시티 가로공원

시티도슨트

만약 임차수익을 위해 투자를 한다면 월스트리트Wall Street 인근의 파이낸셜 디스트릭트Financial District가 유망하단다. 금융계 종사자들의 수요가 있기 때문이다. 그 외에 트라이베카Tribeca, 웨스트 빌리지 West Village는 새롭게 뜨는 지역이란다. 최근 시설이 훌륭한 신규 개발도 있지만, 리모델링을 통해 내부가 알찬 콘도나 스튜디오가 많이 등장하고 있기도 하다.

나선 김에 배터리 파크 시티Battery Park City를 직접 찾아보기로 했다. 허드슨강 변에 면하고 있는 배터리 파크 시티는 지하철역으로부터 제법 먼 거리에 있다. 그나마 챔버스 스트리트Chambers Street역에서 내려 접근하는 것이 가장 짧은 거리이다. 단지의 가장 북쪽에 입지하고 있는 록펠러 공원Rockefeller Park에서부터 걷기 시작했지만 뚜렷한 특징은 보이지 않는다. 허드슨강 변에는 주로 공원을 배치하였고 단지 중앙에 쿨데삭(Cul-de-Sac) 형태의 트래픽 카밍(traffic calming)이 설치되어 있다. 쿨데삭은 단지 내 도로를 막다른 골목 형태로 만들어 통과교통이나 유발교통이 발생하지 않도록 하는 교통기법이다. 그런데 빈 가게가 제법 많이 보여 경제적 카밍도 함께 온 듯하다.

배터리 파크 시티의 가장 남쪽에 유대인 헤리티지 박물관Museum of Jewish Heritage이 자리 잡고 있다. 주로 유대인의 역사와 문화를 소개하는 센트럴파크 동편의 유대인 박물관The Jewish Museum과는 다르다. 폴란드의 아우슈비츠Auschwitz 수용소에서 자행되었던 홀로코스트(Holocaust)가 발생하는 과정을 증언, 유물 등으로 담담하게 담아내고 있다. 가장 인상적이었던 것은 격양되지 않고, 가르치려 들지 않고, 사실 중심으로 담담히 기술하고 있었다는 것이다. 가스실(crematorium)에 유대인을 투입하였을 때의 아비규환 상황에서도 의성어로 신랄하게 표현하지 않았다. "그 소리가 아직도 귓가에 생생하다"는 절제된 증언만 있었다. 그리고 남겨진 옷들만 보여 준다. 차분히 감동에 젖는다. 박물관 앞에는 유대인 100명이 함께 타고 이동했다는 열차 1량이 전시되고 있다. 촉촉한 감동이 내내 함께했다. 도시재생에서 소리 없는 울림도 중요한 구성일 수 있다는 것을 알게 된다.

유대인 헤리티지 박물관

카네기홀

뉴욕의 새로운 명소, 베슬

센트럴파크가 10cm 정도 보이는 파크뷰를 가진 고급호텔로 숙소를 옮긴다. 바로 맞은편에는 카네기홀Carnegie Hall도 보인다. 호텔 내에는 회사원의 애환을 담은 로버트 롱고Robert Longo의 유명한 석판화가 눈길을 끈다.

호텔 내 로버트 롱고, 〈도시 남자〉 외

오늘은 휘트니 미술관Whitney Museum of American Art까지 와서 일정을 시작한다. 휘트니 미술관은 거트루드 밴더빌트 휘트니Gertrude Vanderbilt Whitney가 설립했다. 그녀는 휘트니 비엔날레를 개최하여 조지아 오키프Georgia O'Keeffe, 그랜트 우드Grant Wood 등 20세기 미국 미술계를 대표하는 화가를 발굴하기도 하였다.

미술관이 8층 건물이라 8층부터 관람을 시작하기로 했다. 비슬리Beasley라는 젊은 작가의 초대전이 있었는데, 산업화를 상징하는 쓰레기, 소음 등을 소재로 작품화하고 있다. 7층은 1960년대까지의 에드워드 호퍼Edward Hopper의 초기 작품 등, 그리고 6층은 그 이후의 미디어아트 중심으로 전시되고 있다. 여기에 당연히 백남준, 캠벨Campbell은 빠지지 않는다. 그리고 5층 이하에는 앤디 워홀Andy Warhol 특별전이었다. 앤디 워홀 전에는 특히 많은 관람객이 붐벼 미국에서 그의 인기를 실감한다.

휘트니 미술관을 나오면 바로 하이 라인the High Line을 만난다. 그러니 휘트니 미술관이 하이 라인의 출발지이자 끝인 셈이다. 하이 라인은 오랫동안 폐철도로 남아 있던 고가 철로를 공원으로 조성한 곳이다. 하이 라인으로 올라가서 산책을 시작한다. 걷다 쉬기를 반복하면서 여유롭고 편안한 모습으로 산책하는 시민들을 만난다. 오늘의 모습을 만들었고 관리하는 주체이기도 한 비영리단체 〈하이 라인의 친구Friends of High Line〉의 공동 설립자 안내판이 선명하다. 기념품도 판매하고 있는데 이 수익금은 관리비용에 충당된단다.

우리 서울역 앞의 〈서울로 7017〉이 하이 라인을 벤치마킹하였다는 것은 잘 알려진 사실이다. 하지만 낡고 오래된 고가도로를 녹지 보행

하이 라인을 가로지르는 호텔

하이 라인 조망석

로로 재생한 〈서울로 7017〉과 비교하더라도 하이 라인의 뛰어난 점을 10가지도 넘게 더 찾을 수 있을 것 같다. 천편일률적이지 않고, 다양한 모습을 연출하여 전혀 지루함을 느낄 수 없었다. 조망 공간, 잠시 쉴 수 있는 다양한 형태의 벤치들, 썩 잘 어울리는 설치 작품들, 그리고 하이 라인을 공중으로 횡단하는 입체적인 호텔도 본다. 공원의 완성도는 공원 이용객을 보면 알 수 있다. 하이 라인의 인기 덕분인지 인근에는 건물 공사가 한창이다.

하이 라인에 새로운 명소가 하나 더 생겼다. 하이 라인의 가장 북쪽 끝 지점에서 허드슨 야드Hudson Yards를 만날 수 있다. 과거 공장과 물류 센터가 가득 들어서 있던 이곳이 개발되어 호텔, 대규모 쇼핑몰과 백화점, 고급 콘도가 들어서게 되었다. 그리고 그 가운데에 이곳을 상징하는 상징물처럼 〈베슬Vessel〉이 있다. 〈베슬〉은 벌집 형상의 구조물인데, 영국 건축가 토마스 헤드위크Thomas Heatherwick의 설계작품이다. 2,500여 개의 계단 구조물로 허드슨강을 조망할 수 있는 전망대 역할을 하고 있다. 랜드마크(landmark)로서의 의의는 높지만, 평가는 엇갈리는 듯하다. 나는 건축 구조물이 아닌 설치 작품으로 받아들였다.

허드슨 야드까지 너무 멀면 하이 라인의 중간쯤에서 첼시 마켓 Chelsea Market과 연결된 출구로 빠져나가도 된다. 첼시 마켓은 과거 육류 가공공장이 밀집해 있던 미트패킹 디스트릭트Meatpacking District에 위치한다. 첼시 마켓은 유명한 오레오Oreo 과자를 만들던 공장을 개조한 곳이다. 이후 예술가들이 들어오면서 점차 지금과 같은 독특한 개성을 갖춘 곳으로 변모했다. 겉모습과 달리 내부는 사람들로 발 디

허드슨 야드의 〈베슬〉

딜 틈이 없다. 판매 상점, 식당들이 들어서 있는 이곳에 예술가들의 작품이 판매되는 벼룩시장도 마련되어 있는 것이 특징이기도 하다.

첼시 마켓 내 예술가들의 벼룩시장

뉴욕의 미술에 빠지다

센트럴파크의 동쪽은 미술관 천국이다. 메트로폴리탄 미술관, 구겐하임 미술관, 노이에미술관, 뉴욕 현대 미술관 등. 비가 오는 궂은 날씨에도 서둘러 이른 시간에 구겐하임 미술관Solomon R. Guggenheim Museum을 찾아 나섰다. 가까운 거리에 있는 메트로폴리탄 미술관을 거쳐 오면서 입장을 기다리는 긴 줄을 보고 불길한 기분이 들었는데, 그 불길한 예감이 적중한다. 구겐하임 미술관 앞에도 이미 입장을 기다리는 긴 줄이 늘어서 있다.

불길한 예감은 곧 허탈한 기분으로 변한다. 한참을 기다린 끝에 겨우 입장을 했건만 몇몇 인상주의 작가, 피카소Picasso 및 칸딘스키Kandinsky

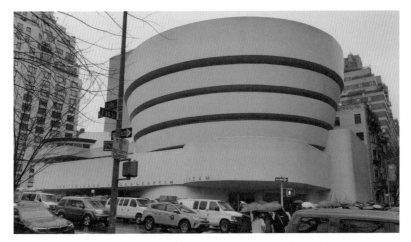

뉴욕 구겐하임 미술관 외관

뉴욕 구겐하임 미술관 내부

몇 작품 외에는 특별전 작가로 도배되고 있었다. 큰 기대를 하게 했던 여러 사전 정보는 쓰레기가 되고 말았다. 건축적으로 명성을 날리는 그 유명한 구겐하임 미술관을 실제 직접 눈으로 볼 수 있었다는 데 만족해야 했다.

구겐하임 미술관은 〈낙수장Fallingwater〉 설계자로 유명한 프랭크 로이드 라이트Frank Lloyd Wright가 설계하고 1959년에 개관했다. 나선형 통로를 따라 이동하고 중앙 로툰다(rotunda) 아래로 자연 빛이 들어올 수 있도록 한 독특한 설계를 하고 있다. 달팽이를 닮은 독창적인 디자인과 위로 올라가면 올라갈수록 지름이 넓어지는 설계 특징은 당시 사람들에게는 큰 충격을 주었다. 하지만 1층의 전시 룸을 빼면 전시 공간이 협소하고 경사로에 설치된 전시 공간에서는 기울어진 경사 때문에 제대로 감상에 집중할 수 없어 아쉽기 그지없다. 건축의 가치 본질은 디자인 미학인가, 이용자의 편리함인가. 구겐하임 미술관, 낙수장은 라이트의 나머지 5개 건축물과 함께 2019년에 유네스코 세계유산으로 등재되었다.

반나절로는 관람하기 힘든 메트로폴리탄 미술관의 관람은 뒤로 미루고 뉴욕 현대 미술관MoMA(The Museum of Modern Art)부터 찾기로 했다. 비까지 그쳐서 모마MoMA로 향하는 걸음은 가볍다. 원래 록펠러 가문의 애비 앨드리치 록펠러Abby Aldrich Rockefeller를 위시한 세 명의 여성 컬렉터들에 의해 설립된 모마MoMA는 1929년에 84점의 작품만으로 시작되었다. 최근에는 2004년 일본 건축가 다니구치 요시오谷口吉生에 의해 전면 재개관하였다.

모마MoMA는 기대를 저버리지 않았다. 5층부터 시작해서 고흐의

뉴욕 현대 미술관의 고흐, 〈별이 빛나는 밤〉

뉴욕 현대 미술관의 피카소, 〈she-goat〉

완공단계의 〈53W53〉 전경

〈별이 빛나는 밤〉 앞에는 사람들이 떠나지 않는다. 마티스와 피카소 작품도 적지 않다. 조각 정원에 있는 피카소의 〈she-goat〉라는 철 조각품은 사실적이면서 하고 싶은 이야기를 가득 감추고 있는 듯한 표정이 인상적이다.

미술관에서 그림이 전부일 수 없다. 감상에 도움을 주는 지원시스템도 그에 못지않게 중요하다. 감상에 집중할 수 있도록 클로크룸(cloakroom) 서비스, 안내도 전문적이어서 만족과 편안함이 크다. 모마MoMA에 바로 인접해서 의미 있는 건물이 올라가고 있었는데, 당시에는 전혀 인식하지 못하고 와서 미련이 많이 남는다. 저층부는 미술관으로 사용하고, 상부는 고급 주거로 사용하는 장 누벨Jean Nouvel 설계의 〈53W53〉 초고층 고급 아파트가 완공단계에 있었던 것이다. 미술관을 꼭 저층으로만 지어야 할 이유가 있겠는가. 이 프로젝트는 미술관의 수익사업이라고 하니 우리 현실에도 도움이 될 수 있는 대목이구나 싶다.

할렘에 다가가다

뉴욕에서 감히 엄두가 나지 않았던 곳이 있다. 할렘Harlem이다. 영화에서 본 할렘은 범죄의 온상이고 곳곳에 흑인(African American)들만 모여 어슬렁거리는 곳이라 범접하기 어려운 곳으로 상상만 했을 뿐이다. 그런데 검색하다 우연히 '할렘 가스펠 투어Harlem Gospel Tour'를 발견하고 호기심에 얼른 신청했다. 43번가 여행사 앞에 모여 한 대의 버스로 이동하는데 동양계는 나 혼자이다.

안소니Anthony라는 넉살 좋은 이탈리안 가이드는, 자신은 1992년까지 할렘에서 살았다고 한다. 방송 때문에 부정적인 이미지가 생겨서 그렇지 사람 살기 좋은 곳이란다. 오히려 따뜻한 이웃과 재즈 음악이 있는 미래의 거주지라고 주장하며 대단한 자부심을 뽐낸다.

할렘은 어원이 네덜란드 지명 'Haarlem'에서 유래되었다. 센트럴파크가 110번가에서 끝나고 116번가까지는 고층으로 개발되고 보니 실질적으로 그 이후부터 할렘이 시작된다고 볼 수 있다. 할렘은 크게 서쪽 할렘과 동쪽 할렘으로 구분된다. 동쪽 할렘은 흑인보다는 스페니시(Spanish) 할렘, 이탈리안(Italian) 할렘 등 다양한 인종 할렘으로 구성된 것이 특징이다. 곳곳에서 공공주택(public housing)을 많이 목격하게 되는데, 영화에서 보던 대로 슬럼화되어 을씨년스럽다.

〈아폴로Apollo〉라는 유명한 클럽을 소개받았다. 낮 시간대라 음악을 즐길 수 없었고 대신 명성만 확인했다. 그리곤 어떤 흑인교회의 예배에 단체로 참여한다. 예수를 신으로 믿는다는 구절을 심하게 강조하는 데다 'GHDT(Greater Highway Deliverance Temple)'라는 교회 명칭도 다소 어색하다. 유사 신흥종교 분위기라고나 할까. 예배당 전면부 양편에 백인 주교(bishop)와 늙은 여성 사진이 큼지막하게 걸려 있다. 가스펠로 찬양하는 시간에는 모두 일어서 춤을 추며 열정적으로 흥겨워한다. 마치 공연을 보고 있는 듯하다. 하지만 가스펠 찬양을 마치고 등장한 백인 주교가 설교를 시작하기 전에 모두 자리를 떠야 했다.

할렘 성전 내부

내친김에 브루클린으로 향한다

좀 넉넉하게 일어나 오늘의 동선을 생각하다 브루클린Brooklyn을 생
각해 냈다. 내가 가지고 있는 이미지로는 브루클린도 할렘과 크게 다
르지 않았다. 게다가 혼자이니까 약간의 용기는 필요했다. 지하철보
다는 걸어서 다리를 건너기로 하고 보니 에쿼터블 빌딩Equitqble Bd.에
서 시작하는 것이 맞다 싶다. 에쿼터블 빌딩 주변을 로워 맨해튼lower
Manhattan이라고 하는데, 본격적인 도시계획 없이 뉴욕 초창기에 형성
된 지역이다. 가로 폭은 좁고 가로망은 불규칙적이고 건물은 개방감
없이 따닥따닥 붙어 있어 혼잡한 느낌을 더해 준다. 뉴욕증권거래소
앞에는 견학이나 관광을 온 이들로 붐빈다. 바로 앞에 워싱턴 동상이
있고 그 자리가 최초의 연방 건물이 들어선 자리라고 설명하고 있다.

뉴욕시청 앞을 거쳐 브루클린 브릿지Brooklyn Bridge로 접어들었다. 날
씨가 흐리고 바람까지 거센데도 찾는 사람이 많다. 다리의 1층은 차량
이, 2층은 보행 시민들이 이용하는데 보행객들은 사진을 찍느라 정신
이 없다. 강을 건넜으면 여기서부터 브루클린의 덤보Dumbo이다. 브루

맨해튼 브릿지와 덤보

클린 브릿지와 맨해튼 브릿지Manhattan Bridge 사이를 덤보라고 한다. 옛
모습을 간직한 채 여러 변화의 움직임이 있다. 먹거리만 밀집한 것이
아니라 미술관도, 디자인계 회사도 자리를 잡고 있다. 루프톱(rooftop)
에 있는 푸드 코트(food court)에서 타코(taco)와 와인 한 잔으로 넉넉
한 시간을 보낸다.

　뉴욕 도착 이후 여러 날 동안 아담 프리드만Adam Friedmann에게 연
락을 취했지만, 답신이 없다. 그래서 그가 근무하는, 브루클린에 있는
프랫 센터Pratt Center for Community Development를 찾아 나섰다. 센터는
도시재생 프로그램 중의 하나인 〈프랫쇼Pratt Shows〉를 진행하고 있었
고 그는 무척이나 바빠 보였다. 대신 모범적인 도시재생 사업지로 도
보권 내에 있는 옛날 브루클린 해군조선소Brooklyn Navy Yard를 추천해
주었다. 1966년에 폐업된 해군조선소를 산업단지로 바꾸어 성공했단
다. 하지만 막상 도착해 보니 산업단지에 입장하려면 ID가 있어야 했
고, 투어 프로그램도 없어졌단다. 대신 홍보 및 역사박물관에 들러보
니 내용이 알차다. 차도 마시고, 산업 미술작품 전시회도 감상하고, 과
거 기록사진을 보는 것으로도 부족하지 않다.

　돌아오는 길에 브루클린에서 다소 떨어져 있지만 퀸즈Queens 명소
인 모마 PS1MoMA P.S.1을 찾아보기로 했다. 전 세계 현대 미술의 진수
를 보여 주는 곳으로 유명하다. 기대를 잔뜩 안고 갔더니 때마침 내부
수리 중이라 관람이 어렵단다. 그나마 제임스 트렐James Turrell의 작품
은 관람할 수 있다고 특별 배려해 주었다. 가운데 하늘이 뚫린 것처럼
되어 있는데 아무런 변화가 없다. 본격적인 전시가 아니라서 빛의 변

구 브루클린 해군조선소 홍보 및 역사박물관

화가 없는 것이란다. 국내 원주의 뮤지엄 산Museum SAN에 있는 제임스 트렐 전시관에 크게 미치지 못하지만, 그래도 안내를 맡은 직원의 정중한 태도와 소장품 하나하나를 귀하게 여기는 태도에서 그들의 자부심이 느껴진다.

뉴욕에서 도시재생을 생각한다

궁금증이 많았던 가먼트 디스트릭트Garment District를 둘러보기로 했다. 6번 애버뉴(avenue)에서 9번 애버뉴 사이, W 34번 스트리트 (street)에서 W 42번 스트리트 사이를 가먼트 디스트릭트라 한다. 서울 도심에 동대문 주변 의류상가가 밀집해 있는 것과 유사한 형국이다. 주로 의류 관련 업종이 몰려 있는데, 1층 전면에 의류, 신발 관련 가게들만 보이지만 상층부에 공장이나 사무실과 같은 관련 업종이 들어서 있다. 건물 입구를 경비원들이 지키고 있어 내부를 들여다볼 수 없어 아쉬움이 남는다. 거리에는 동양계 여성들이 눈에 많이 띄고 아침 9시가 훨씬 넘었지만 개점하지 않은 점포도 많고 한창 바쁜 가게도 있다. 일요일에 영업하던 가게도 있었는데 상당한 자율성을 가지고 움직이는 듯하다.

가끔 한글 간판도 보이고, 7 애버뉴와 39 스트리트 사거리에 단추와 바늘로 봉제 작업을 하는 유대인 미싱공을 형상화한 공공설치물도 볼 수 있다. 뉴욕경제개발공사(NYCEDC) 자료에 의하면 900개의 글로벌 패션업체가 뉴욕에 몰려 있다고 한다.

패션은 디자인만 있어 가능하지 않다. 제조가 함께해야 한다. 이탈리아의 패션산업 경쟁력도 제3 이탈리아(the Third Italy)와 같은 신

가먼트 디스트릭트의 가게

가먼트 디스트릭트의 공공설치물

그래머시 파크

산업지구(the New Industrial District)가 있어 가능하다. 서울의 동
대문 패션타운도 창신동 제조 메카가 있어서 가능하다. 결국 도시의
경쟁력은 화려한 외관에만 있는 것이 아니다 싶다.

 워싱톤 스퀘어 파크Washington Square Park와 유명 사립 뉴욕대학교
(NYU) 인근에 그래머시 파크Gramercy Park가 있다. 이 공원은 특이하
게도 맨해튼 유일의 사유 공원이다. 특정 주민들이 소유한 공원이라
는 뜻이다. 370세대 주민만 출입 열쇠를 가지고 있어 이용할 수 있고,
일반 시민에게는 크리스마스 때 단 하루 동안만 개방된다. 1831년에
그래머시 파크 역사지구Gramercy Park Historic District가 개발되었을 때,

개별 택지매입자가 지구 내 공원의 공동소유자가 되면서 열쇠를 가지게 되었다. 겉에서 보면 여느 공원과 크게 다르지 않다. 다만 공원이 잘 관리되고 있다는 느낌과 출입문이 자물쇠로 채워져 있는 것이 눈에 띄는 정도이다.

비록 공동소유이지만 큰 공원을 개인이 소유하고 있다는 것이 매력적이라 그런지 주변에 고소득층이 많이 거주하고 있다. 특히 공원과 연접하고 있는 어빙 플레이스Irving Place는 고소득층 주택가로 유명하다.

그런가 하면 크리스토퍼 파크Christopher park는 볼품없는 조그만 소공원이지만, 조지 시걸George Segal의 〈게이 해방Gay Liberation〉이라는 작품으로 유명하다. 게이와 레즈비언 두 커플이 각각 서 있거나 벤치에 앉아 있는 작품이다. 그런데 두 커플의 표정이 행복하지 않고 어딘가 쓸쓸해 보인다. 강원도 원주에 있는 국내 미술관에서도 〈두 벤치 위의 연인〉이라는 그의 작품을 볼 수 있다. 공원 주변에는 무지개 깃발을 내건 식당들이 눈에 목격된다.

이 소공원에서 멀지 않은 곳에 유명한 블루노트 재즈클럽Blue Note Jazz Club이 있다. 일요일 오전 11시 반에 첫 공연이 있다는 게 놀랍다. 연주는 기타, 드럼, 건반, 색소폰에 트럼펫 객원 연주자가 함께한다. 이른 시간에 무슨 흥이 날까 싶었는데 최선을 다해 연주하는 모습에 점점 공연에 빠져든다. 도시재생에서 예술은 윤활유이자 무형문화재이다. 건조환경(built environment)만으로 결코 도시를 재생할 수 없다. 소소한 문화 활동과 예술 작품이 있어 먼 나라의 이국인도 이렇게 찾는 것 아니겠는가.

공원 내 조지 시걸, 〈게이 해방〉

〈소비의 사회〉의 작가 장 보드리야르Jean Baudrillard는 우리가 소비 대상으로서 끊임없이 현혹, 흥분, 폭력에 노출되는 것을 경고한 바가 있다. 이런 소비의 사회를 상징하는 거대 자본주의 도시, 뉴욕에서도 마냥 개발에만 집착하는 것은 아니다. 도시재생에 포커스를 맞추어 들여다보았더니, 서두르지 않되 그렇다고 내버려 두는 것이 아니었다. 유지하면서도 조화를 이룰 수 있도록, 그리고 그 뿌리를 보호하며 문화예술이라는 윤활유가 함께하는 것을 확인할 수 있다. 기내에서 읽었던 책의 작가는 이런 뉴욕을 '질감 있는 도시'라 표현했다.

조기 귀국과 그 이후

코로나가 확산되면서, 식당과 50인 이상 행사를 제한한다는 뉴욕주 등 3개 주지사의 발표가 있었다. 곧 스타벅스 커피숍, 피자가게는 아예 앉을 자리를 없앴다. 호텔 조식을 위한 식당도 문을 걸어 잠그고 도시락으로 대체하였다. 그런데도 여전히 맨해튼에서는 마스크를 착용한 자가 거의 없다.

이런 어려운 사정에서 진행했던 뉴욕 도시탐사도 나름대로 의미가 있었다. 도시재난에 대응하는 모습을 현장에서 목격할 수 있었다. 뉴욕 거리에는 노숙자들이 많고 관광객도 넘친다. 유행 전염병에 무방비로 노출될 가능성이 크지만, 신속한 진단과 관리는 어려울 수밖에 없는 구조다. 결국 시 당국은 사람이 많이 모이는 곳을 강제적으로 폐쇄 조치하는 것으로 대응한다. 학교는 물론이고 공연장, 식당 모두 폐쇄하는 것이다. 많은 부분을 관광에 의존하는 뉴욕은 수요 관리 중심이 아닌 공급 관리 중심의 대책이 불가피한 듯하다.

고민 끝에 조기 귀국길에 오르기로 했다. 호텔 방에서 혼자만의 이별주를 나눈다. 2017년산 '죄수(the Prisoner)'에 감금당한다. 애호하는 미국 나파밸리Napa Valley의 레드 와인인데, 이름에 걸맞게 보디감이 강한 이 와인은 나를 꼼짝달싹할 수 없는 죄수로 만든다. 이 적포도주가 이날만큼 아쉬운 마음을 달래 주는 큰 위로가 된 적이 없었다.

귀국 후 몇 개월이 지나 암 투병 중인 후배에게 안부 문자를 보냈다. 며칠 만에 답문이 왔다.

'안녕하세요? 남편입니다. 오래전 저희 결혼 초에 한국에서 아내와 함께 뵌 적 있었죠. 소식을 못 접하신 것 같아 알려 드립니다. 제 아내는 암 투병 끝에 지난 5월 말에 세상을 떠났습니다. 슬픈 부고 소식을 전하게 되어 유감입니다.'

참고문헌

1. 배웅규 외 역, 《뉴욕시 조닝 핸드북》, 서울시정개발연구원, Zoning Hanbook, 2009
2. 양은희, 《아트앤더시티》, 랜덤하우스, 2007
3. 권이선·이수형, 《뉴욕의 특별한 미술관》, 아트북스, 2012
4. 엘리자베스 커리드, 최지아 역, 《세계의 크리에이티브 공장 뉴욕》, 쌤 앤 파커스, 2009
5. 이민기·이정민, 《프로젝트 뉴욕》, 아트북스, 2014

시티도슨트

2. 런던 London

영국 박물관

하이드 파크

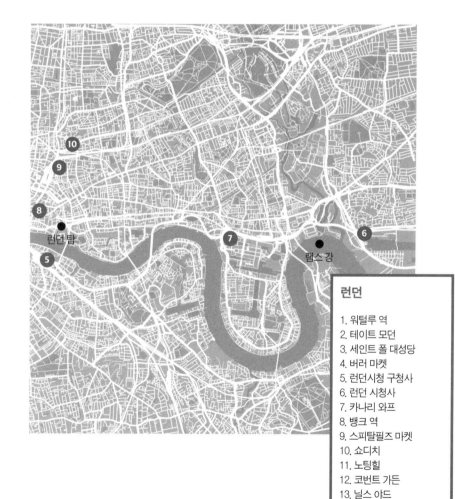

런던 탑

템스 강

런던이다

런던London이라는 명칭은 로마인들이 만든 요새 이름 '론디니움 Londinium'에서 유래한다. 런던은 템스강River Thames을 중심으로 2,000여 년 전부터 발전해 왔다. 1066년 이후 수도를 윈체스터Winchester에서 런던으로 옮겨 정착하게 되며 큰 발전을 이루게 되었다. 런던은 시티 오브 런던City of London과 그레이터 런던Greater London으로 구분된다. 그레이터 런던은 시티 오브 런던과 32개 런던 자치구London Borough를 포함하는데, 서울의 세 배 면적에 8백여 명의 인구 규모를 가지고 있다.

널리 알려진 대로 영국은 세계에서 가장 앞서 산업화를 이룬 국가이다. 1830년에 개통한 영국의 리버풀Liverpool과 맨체스터Manchester 간의 철도는 약 50km를 달리는 세계 최초의 영리사업으로서의 철도였다. 1851년에는 런던 하이드파크Hydepark에서 빅토리아 여왕이 참석한 가운데 세계 최초의 런던 박람회가 열렸다. 1863년에는 세계 최초로 런던의 지하철이 개통한다. 이토 히로부미伊藤博文가 영국에 유학하러 온 바로 그때이다. 기차가 땅속으로 다닌다니 얼마나 충격으로 받아들였을까. 이토의 영국 유학이 일본 메이지 유신의 시발점으로 많이 거론되는데, 한 나라의 부흥에 있어 역사적 계기가 되었음이 틀림없다.

선발주자로서 런던에는 아직도 산업화의 흔적이 곳곳에 부채처럼 남아 있다. 곳곳에 낡은 전선줄도 보이고, 승강장과 전동차와의 높이가 맞지 않아 위험이 도사리고 있었다. 산업화와 도시화를 가장 먼저 이룬 영국은 역설적으로 최초로 도시재생 정책을 도입한 국가가 되었다. 그러다 보니 도시개발과 도시재생을 함께 풀어야 하는 이중의 과제를 떠안아야 했다. 런던은 이중의 과제를 어떻게 풀어내고 있을까.

14시간을 날아와 현지 시각으로 오후 5시를 넘어 히스로 공항Heathrow Airport에 도착한다. 책을 보기도 하고 살짝 자기도 하면서 어렵게 버티어 냈는데, 일상으로 생활하는 조종사와 기내 승무원이 대단하다. 특히 전혀 지친 표정 없이 환한 웃음으로 승객을 대하는 국내 항공사의 기내 승무원들의 프로 정신이 경이롭다. 천사는 기내 승무원을 일컫는 다른 이름이다 싶다.

한국에서 온 입국자는 별도의 인터뷰 없이 기계적인 처리로 입국이 허용된다. 12년 전에 배낭여행을 왔을 때 가벼운 인터뷰에도 고마워했는데, 대한민국에 대한 믿음과 신뢰가 훨씬 더 높아졌구나 싶어 자부심을 느끼게 한다.

지하철Underground을 타기 위해 오이스터 카드Oyster Card를 구입하고 충전도 했다. 환승까지 해서 런던 워털루역London Waterloo Station까지 왔다. 여기서 기차National Rail를 타고 30여 분을 달려 뉴 몰든New Malden에 있는 민박집에 짐을 푼다. 뉴 몰든은 런던에 있는 대표적인 한인촌으로 유명하다. 행정구역상 그레이터 런던Greater London에 속한다.

첫 출발은 뱅크사이드에서

밤새 오던 비가 아침에도 그치지 않는다. 조식을 마치고 넉넉하게 길을 나선다. 통근 기차는 서울에 비교할 바 없이 여유롭다. 첫날은 런던 워털루역에서 내려 템스강River Thames 남쪽 변을 쭉 따라 걸어가기로 했다. 이곳을 뱅크사이드Bankside 또는 사우스 뱅크South Bank라 한다.

사우스 뱅크South Bank는 산업화 이후 전형적인 산업지대로 개발되었던 지역이었다. 그런 지역에 1951년 '영국 페스티벌Festival of Britain'이 개최되면서 런던 문화예술의 새로운 구심점이 되는 계기가 되었다. 이후 로열 페스티벌 홀Royal Festival Hall, 퀸 엘리자베스 홀Queen Elizabeth Hall 등이 건립되었다. 1980년대 이르러 지역 주민을 중심으로 한 공동체가 등장하고, 런던시의 지원, 기업의 이해관계가 맞아떨어져 다시 문화예술지구계획이 추진력을 갖게 된다. 계획의 핵심은 걸으면서 즐기는 지역으로 새롭게 거듭나는 것이다.

출근 시간에 마주한 런던 시민들은 실내외를 막론하고 거의 마스크를 하지 않는다. 적어도 런던은 엔데믹(Endemic)이다. 일단 테이트 모던으로 방향을 잡았다. 현대미술관 테이트 모던Tate Modern Museum은 테이트 브리튼, 테이트 리버풀, 테이트 세인트아이브스, 테이트 온라인과 함께 테이트Tate를 이룬다. 그래서 런던에는 테이트 브리튼 Tate Britain이라는 또 다른 갤러리가 있다는 것도 기억해야 한다. 테이트 모던은 영국 정부의 밀레니엄 프로젝트Millennium Project의 일환으로, 2000년에 템스강 변의 뱅크사이드Bankside 발전소를 새롭게 리모델링하여 완성한 현대미술관이다. 스위스의 건축가 듀오, 헤르조그와 드 뫼롱Herzog & de Meuron의 작품이다.

오전 10시에 테이트 모던Tate Modern의 터빈 홀the Turbine Hall로 입장한다. 터빈 홀에는 현대자동차가 후원하는 거대한 매듭 물이 압도한다. 세실리아 비쿠나Cecilia Vicuna의 〈뇌숲 매듭Brain Forest Quipu(knot)〉 제목의 조형물이다. 그 외 〈세잔 기획전〉에다 다양한 상설전이 관객

테이트 모던 원경

테이트 모던 입구

을 반긴다. 원주민에 대한 정치 폭력을 고발한 어느 호주 작가의 미디어 아트, 〈보스니아 소녀Bosnian Girl〉라는 제목의 희생당한 소녀를 추억하는 사진 작품이 관심을 끈다. 한국인 작가 장영해 헤비인더스트리Young-Hae Chang Heavy Industrie의 미디어 작품과 양해구의 설치물도 한 편을 차지하고 있어 마음이 벅차다. 최근 미술관 뒤편에 11층짜리 빌딩을 지어 확장했는데, 빌딩 이름은 블라바트닉Blavatnik. 블라바트닉은 이 미술관에 5천만 파운드를 기부한 러시아 사업가인데 그의 이름을 따 빌딩 이름을 지었다.

테이트 모던 내 터빈 홀

그런데 시설 규모와 전시 내용도 훌륭하지만, 관람의 편의를 도모하고 교육 효과를 높이려는 노력이 크게 보인다. 회원 전용의 시설도 별도로 갖추었으며 단체학생을 위한 전담 창구와 실습 공간도 갖추고 있어 그 노력이 가상하다.

그리곤 미술관 앞에 위치한 밀레니엄 브릿지Millenium Bridge로 템스

밀레니엄 브릿지와 세인트 폴 대성당

강을 건넌다. 강 주변을 조망하면서 세인트 폴 대성당St. Paul's Cathedral
까지 걸음을 옮긴다. 세인트 폴 대성당은 런던의 도시 높이를 규제하
는 조망 대상으로서, 도시 경관적 의의가 크다. 런던의 주요 조망 점에
서 세인트 폴 대성당의 돔 높이까지 선을 그어 그 이상의 높이로 건물
을 지을 수 없도록 규제하고 있다. 그러면서 도심의 템스강 변은 20m
이하로, 세인트 폴 대성당과 런던 타워London Tower 등 조망보호지역
주변은 30~40m로 높이를 제한한다. 도시 경관이 도시의 경쟁력이라
인식이 바탕에 깔려 있다. 고층 아파트들이 경관을 사유화하고 독점
하고 있는 서울 한강 강변을 되돌아보게 된다. 우리의 수변 경관은 어
떤 인식으로 관리되고 있는 것일까.

그리고 대성당 뒤편에 있는 페터노스터 광장Paternoster Square까지 다
녀온다. 이 광장은 원래 고층으로 지어졌지만, 재건축하면서 저층으로
다시 조성하고 광장까지 만들었다. 그래서 '사람이 모이는' 재건축은

어떠해야 하는가를 설명해 주는 훌륭한 재생 모델이 되고 있다.

템스강 남쪽 변을 계속 걸으면 17세기 형태의 극장으로 복원한 셰익스피어 글로브Shakespeare's Globe 극장을 지나 버러 마켓Borough Market 을 만난다. 먹거리가 특화된 일종의 먹자 시장이다. 각 나라 특유의 음식들을 즐길 수 있다. 조리된 음식만이 아니라 과일, 해산물을 파는 가게들도 있다.

버러 마켓

드디어 런던의 상징물 중 하나인 런던시청을 만난다. 세계적 건축가인 노먼 포스터Norman Foster가 설계한 것으로 2002년 완공됐다. 기울어진 둥근 돔 형태의 유리 외관 때문에 '유리 달걀(The Glass Egg)' 이라는 별명이 붙었다. 그런데 시청사가 굳게 닫혀 있다. 어찌 된 일인가. 확인해 보았더니 신종 코로나바이러스 사태에 따른 경기침체로 시 예산이 부족해지자 임대료가 비싼 현 청사를 떠나 로열 독스the Royal Docks로 옮겼다는 것이다. 그것이 가능했던 것은 이 건물이 민간개발회사 소유로, 런던시는 이 건물을 장기 임대하는 방식으로 사용해 왔기 때문이다. 청사를 이전하면 5년에 걸쳐 약 5,500만 파운드(약 820억 원)를 절감할 수 있을 것으로 보고 있었다.

런던시청 구청사

런던시청 신청사를 찾아서

런던시청이 어디에 있는지 찾아 나서 보기로 했다. 어제 타워 브릿지 Tower Bridge 인근의 시청사가 폐쇄된 것을 확인했기 때문이다. 구글 지도에 타워 브릿지 인근의 시청사가 구시청사Old City Hall로 표기된 이유를 알 것 같다. 신청사는 DLR(Docklands light Railway) 3호선 로열 독스역the Royal Docks Station에서 가까웠다. 런던의 동쪽에 상당히 치우쳐 있는데, 원래는 크리스탈the Crystal이라는 전시 공간이었다고 한다. 도착해서 보니 시청사의 규모가 예상보다 아담하다. 그나마 건물의 오른편은 강당 시설이어서 사무공간은 건물의 반만 이용하고 있는 셈이다. 우리 실정에 견주어 보면 잘 이해되지 않지만, 런던시 업무 대부분이 구청

(Borough)에 위임되었기에 가능한 일이다. 그런데 제대로 개보수가 되지 않아 난방 등에서 문제가 많다는 비난의 목소리도 있다. 짐 검사를 마치고 입장했더니 때 마침 공청회 같은 행사가 진행되고 있었다.

관계자에게 물었더니 6개월 전쯤에 이곳으로 이전했다고 답해준다. 단순 시청사 이전에 그치는 것이 아니라 이 일대에 20년 동안 2만 5천 세대 주택, 6만 개의 일자리를 만들겠다는 장기 계획도 함께 가지고 있었다. 공공건물 이전을 통해 지역 발전을 도모하려는 도시개발 전략이 내재하여 있었다.

오래전에 서울시청 신청사 계획이 있을 때가 떠오른다. 흩어져 있던 여러 조직을 흡수하고 오랫동안 외국 세력에 내주었던 공간을 회복하는 차원에서, 또 낙후된 주변 지역을 개발하는 동력을 확보하는 차원에서 후보지로 용산이 유력하게 검토되었던 적이 있다. 이 계획안에 한 표를 주었던 그때를 생각하면 적지 않게 안타까움이 남는다.

신청사 바로 앞에 케이블카 LCC(London Cable Car)를 운행하고 있다. 5파운드만 내면 템스강을 가로질러 도크랜즈Docklands에 도착할 수 있다. LCC는 수익성이 낮아 고민거리가 되고 있다는 뉴스가 많다. 수익성이 없다고 바로 허물 수도 없으니 계륵에 불과하다. 사전에 차분하고 엄정한 계획과 분석이 요구되는 대목이다.

도크랜즈는 시티 오브 런던City of London에서 동쪽으로 약 8km 떨어진 지역인데, 원래 항구도시로 유명했던 곳이다. 그런데 대형 선박과 컨테이너 산업이 발달하게 되자, 얕은 수심을 가진 도크랜즈는 점차 경쟁력을 잃게 되었고 시설 노후, 인구 감소 등의 이유로 점점 쇠퇴하였다. 1976년에 도시 재개발 계획을 수립하고 특히 1981년에는 런던

런던시청 신청사

도크랜드 개발공사(LDDC)를 설립한다. 우리의 경우 한국토지주택공사(LH)나 지방공사에 개발을 위임하는 방식이지만, 영국에서는 개발 현장마다 별도의 개발공사를 설립하여 오직 당해 지역의 개발에 집중하도록 하는 방식이 특징이다.

가장 먼저 밀레니엄 돔Millennium Dome으로 알려진 오투O2에 도착한다. 설계자는 프리츠커상을 수상한 리처드 로저스Richard Rogers이다. 큰 돔 내부에는 아레나(arena)와 대규모 쇼핑몰이 입주해 있었다. 하지만 10여 년 전에 비해 바뀐 것이 많지 않다. 또 하나의 계륵이지 않을까 싶다.

카나리 와프Canary Wharf로 이동했다. 카나리 와프는 도크랜즈에 위치한 금융 중심의 신시가지이다. 현재 영국의 초고층 건물의 대다수가 이곳에 자리 잡고 있으며 런던 금융의 중심지 역할을 하고 있다. 여기에서는 엄정하게 높이가 규제되고 있는 도심과 달리 60층 이상의 고층 건물도 허용한다. 10여 년 전에 비해 자리를 잡은 듯한 분위기이다. 출근 시간에 이곳에 내리는 정장 차림의 많은 사무직원이 이를 대변하는 듯하다. 이곳 지하철 입구를 노먼 포스터가 설계했다. 스페인 빌바오Bilbao에서도 그가 설계한 비슷한 지하철 역사 입구를 볼 수 있다.

카나리 워프

다시 런던의 또 다른 금융가인 뱅크역Bank Station으로 향한다. 역 이름과 같이 이 지역은 금융가이자 흡사 건축물 전시장 같다. 리처드 로저스Richard Rogers와 렌조 피아노Renzo Piano가 설계한 로이즈 빌딩Loyd's Building, 노먼 포스터의 거킨 빌딩the Gherkin, 워키토키 모양의 20 펜처치 스트리트20 Fenchuch Street 등이 경쟁하듯 들어서 있다. 공사 중인 건물도 적지 않다. 재미있는 것은 그 상징과도 같았던 왕립 증권거래소the Royal Exchange 건물이 지금은 상점과 카페로 활용되고 있다는 것이다.

로이즈 빌딩   거킨 빌딩

이스트 엔드, 런던의 도시재생 현장을 찾아서

오늘도 런던 워털루역에 와서 지하철Underground로 갈아타려 한다. 그런데 승객들이 꽉 밀려 있었다. 뭔가 문제가 생긴 듯했다. 곧 2대의 지하철 차량이 고장이 나는 바람에 늦어지고 있다는 안내방송이 나왔다. 놀라운 것은 역무원 한 사람도 보이지 않는데도 밀지 않고, 시끄럽게 하지도 않고 조용히 움직이고 있었다. 더구나 한국의 지하철과 달리 승강장에는 안전문도 없었다. 검은 사람, 흰 사람, 누런 사람 모두 이만큼 떨어져 더욱 숨죽여 순서를 기다릴 뿐이다. 이 관광객도 조용히 앞 사람을 따라갔을 뿐이다. 목격한 것은 런던 시민들의 높은 의식 수준이었다. 제2차 세계 대전 때 영국 정부가 영국 시민들에게 사기를 돋우기 위해 제작한 포스터의 문구 'Keep Calm and Carry On(평정심을 유지하고 하던 일을 계속하라)'이 떠오른다. 그렇게 보면 얼마 전 불행한 이태원 참사는 우리 모두에게 책임이 있는 것이 아닐까.

전동차 고장이 발생한 런던 지하철 내 이용객

이스트 엔드East End는 공식적으로 지역의 경계가 존재하지 않는
다. 대략 시티 오브 런던City of London의 동쪽 끝에서부터 템스강Thames
River의 북측을 지칭한다. 이곳은 런던에서 가장 낙후되고 빈곤한 지역
의 대명사로 알려졌다. 그러다 보니 이민자들의 공동체가 많이 형성된
곳이기도 하다. 특히 1981년에 인근 도크랜즈Docklands가 폐쇄되면서
더욱 많은 실업자가 발생하였고 지역의 빈곤도 가속화되었다. 이후 런
던 금융의 중심지 역할을 하는 도크랜즈의 카나리 와프Canary Wharf도
조성되었지만, 이스트 엔드에는 개발의 파급력이 미치지 못하여 섬 같
은 형태의 낙후지역을 면하지 못하고 있었다.

1980년대부터 런던의 이스트 엔드East End는 런던이 현대 미술 분야
에서 뉴욕과 맞먹는 중심지로 성장하는 데 크게 이바지해 왔다. 수많
은 예술가가 몰려들어 작업장을 차리고, 그들과 연계된 소기업들이
자리 잡기 시작하여, 이제는 상당한 규모의 예술 클러스터가 되었던
것이다. YBA(Young British Artists)라는 일단의 예술가들은 이 예술
클러스터의 성장기에 함께 태어난 것으로 알려져 있다. YBA는 1990년
대 영국을 중심으로 활동하던 젊은 작가들의 총칭이다. 데미안 허스
트Damian Hirst, 마크 퀸Marc Quinn, 트레이시 에민Tracey Emin 등인데, 지
금은 세계적인 작가로 성장했다.

지하철 리버풀역Liverpool Station 역시 근교 지역에서 오는 기차역 종
점이자, 6개의 지하철을 갈아탈 수 있는 역이라 사람들로 붐빈다. 역
에서 내려 북쪽으로 조금 걸어가면 유명한 젊은이들의 명소들이 등
장한다. 스피탈필즈 마켓Spitalfields Market부터 만난다. 시장은 신, 구
로 나누어지는데, 신스피탈필즈 마켓은 재공사 중에 있다. 구스피탈필

즈 마켓은 가판대 중심의 골동품 시장을 형성하고 있다. 이른 시간인
데도 가판대를 펴고 있는 사람도, 또 물건을 둘러보는 사람도 적지 않
다. 더 북쪽으로 브릭 레인 스트리트Brick Lane Street를 따라 올라가면
벽과 가게는 온통 낙서 그림(Graffiti Art)으로 도배가 되어 있다. 또
일부 건물은 아예 문을 닫고 있어, 거리가 을씨년스럽게 보이기도 한
다. 여하튼 아직 우리에겐 익숙하지 않은 문화이지만 런던은 많이 보
편화된 듯 곳곳에서 목격할 수 있다.

구스피탈필즈 마켓

과거 양조장이었던 트루만 브루어리the Trumann Brewery는 전시 공간
으로 변신을 해 〈클림트Klimt 미디어아트 전〉을 하고 있다. 적지 않은
입장료를 내고 입장했지만, 기대에 크게 미치지 못한다. 우리 서울에서
의 미디어아트 전과 비교하면 접근성도, 기획력도 세밀하지 못하다. 그
래서 그런지 수익성이 우려될 정도로 관람객이 없다. 그곳에서 쇼디치
스트리트Shoreditch Street와 자연스럽게 연결되는데, 박스파크 쇼디치
Boxpark Shoreditch 등의 작은 상가 몰이 등장한다. 결국 스피탈필즈, 브

트루만 브루어리

릭레인, 쇼디치 일대가 나름의 특징을 가진, 젊은이들이 모이는 명소
가 되고 있다.

노팅힐Notting Hill을 오늘의 최종 목적지로 정했다. 유명한 영화의
배경이 되었다고 알려진 곳이다. 특히 노팅힐 북숍the Notting Hill Book
Shop은 촬영장소로 유명해서 찾는 이가 많다. 이미 몇몇 관광객들이
서점 앞에서 사진을 찍는다고 분주하다. 나는 오히려 인근의 포토벨
로 로드 시장Portobello Road Market에 더 관심이 간다. 일부 노점상들은
철시 중이었지만 분위기는 아직 남아 있었다. 레트로, 빈티지 가게들
이 많다. 천막으로 된 공연장도 보이는데, 8월에는 영화제도 개최된다
니 꽤 명망이 있는 시장이다. 일회성 행사에 그치는 것이 아니라 동네
가 특성화된 듯하다.

숙소로 가는 길이기도 하고 숙소에서 얼마 떨어져 있지 않은 코번

노팅일 북숍

포토벨로 로드 시장

시티도슨트

트 가든Covent Garden을 다시 찾았다. 교통박물관 인근의 이 지역은 상대적으로 고급문화의 거리라고 할 수 있다. 마치 우리의 대학로와 유사한 모습이다. 10여 년 전에도 거리에 활력이 넘쳐 인상적이었다. 브릭 레인 거리 인근의 젊은이 거리에 비해 여전히 활력이 넘치면서 안정적이다. 볼거리도 거리음악공연(busking), 판토마임, 마술, 움직이는 인물 석고상 등 다양하다. 최근 들어 우리의 전통시장도 문화형 전통시장 정비방안이 주목받는 추세와 궤를 같이하는 것 같다. 생활수준, 성, 나이별로 다양한 계층의 주민들과 관광객들이 몰려들면서 이런 분위기가 연출되는 듯하다.

코벤트 가든

여기에서 또다시 10분 거리에 또 닐스 야드Neal's Yard가 있다. 인근 닐 거리Neal Street도 젊은이의 거리이다. 예쁘게 단장한 각종 식당, 가게들이 들어찬 곳이고 거리이다. 주말이라 거리에는 사람들로 넘치고 줄서서 입장하려는 맛집도 많다. 골목길에서 뱅크시의 작품도 직접 목격한다.

닐스 야드

닐스 야드의 뱅크시 작품

런던에서의 미술관 순례

오늘은 본격적인 미술관 순례이다. 먼저 워털루 브릿지Waterloo Bridge 의 북단에 있는 코톨드 갤러리the Courtauld Gallery이다. 런던 워털루역에서 템스강의 또 하나 보행교인 골든 주빌리 브릿지Golden Jubilee Bridges를 건넌다. 거기서 오른쪽으로 돌아 계속 가다 보면 서머셋 하우스Somerset House를 만나게 된다. 코톨드 갤러리는 이 서머셋 하우스Somerset House 의 한 편을 차지하고 있다. 인상주의 화가 작품이 많은 것으로 유명하다. 사설이기 때문에 얼마간의 입장료를 내고 관람에 나섰는데 참 편안했다. 관람객도 많지 않고 움직임도 많지 않아 여유롭게 감상에 빠질 수 있었다. 언제든 편안하게 찾을 수 있으니 서둘러야 할 이유가 없는 것이 아닐까. 우리는 일회성 기획전시가 대부분이다 보니 기회를 놓치지 않으려면 빨리 달려가야만 한다. 이것이 가진 자들의 여유가 아닐까 싶다.

코톨드 갤러리

그다음은 내셔널 갤러리National Gallery이다. 영국을 대표하는 최고의 미술관이다. 12년 전에 와서 도대체 뭘 본다고 여기를 생략했던가. 내셔널 갤러리 앞에는 가판대가 만들어져 복잡하고 트라팔가 광장Trafalga Square에는 여전히 사람들로 넘쳐 났다. 그런 중에도 한편에서 버스킹이 한창이다. 역시 간단한 짐 검사를 마치고 부푼 기대를 안고 갤러리에 입장한다. 인상주의, 중세와 르네상스 미술이 총망라되어 전시 공간을 가득 채우고 있다. 고흐의 〈해바라기〉와 〈게 두 마리〉, 여러 초상화, 베네치아 화파의 카날레토Canaletto 작품도 원 없이 즐긴다. 또 한쪽에서 X레이 작업을 통해 '마네Édouard Manet'의 작품을 새롭게 분석하는 설명이 진행되고 있어 한동안 재미있게 지켜본다. 두 곳의 전시관을 거치면서 책을 통해 머리로 알던, 막연한 감동을 주었던 폴 세잔Paul Cezanne에 대해 새롭게 가슴에 닿는 것이 있었다. 묘한 감동이다.

내셔널 갤러리

사치 갤러리Saatchi Gallery는 YBA(Young British Artists)와 떼려야 뗄 수 없다. YBA의 젊은 작가들을 키우고 성장시킨 사람이 영국 기업 인인 찰스 사치Charles Saatchi이며, 그가 소유한 미술관이 사치 갤러리이 기 때문이다. 사치 갤러리는 새로운 현대 미술을 소개하는 미술관으로 유명하다. 사치 갤러리는 첼시Chealsea에 자리 잡고 있는데, 런던에서는 부촌으로 통한다. 개찰구를 빠져나와 슬로에인 광장Sloane Square으로 가면 고급 부티크 상점들이 도로변에 줄지어 있다. 주말이어서 그런지 도로를 막고 곳곳에서 거리공연이 벌어지고 있고, 사람들로 넘친다. 주 중에는 집에 숨어 있다가 주말이 되면 거리로 쏟아져 나오는 듯하다.

첼시 거리공연 모습

사치 갤러리 1층은 상설전시회로 무료이지만 2층은 기획전이라 별도 로 입장료를 받는다. 기획전은 〈신 흑인 전위The New Black Vanguard〉 제목 의 모델사진작가 전이다. 주로 흑인 패션모델 중심의 예술사진이다. 오히 려 1층 상설전에 구미가 당기는 그림이 많다. 테이트 브리튼Tate Britain이 그리 멀지 않은 곳에 있지만, 다음 날로 미루고 숙소로 발길을 돌린다.

사치 갤러리

테이트 브리턴Tate Britain은 템스강 강가에 접하고 있는 고색창연한 그리스식 건물의 미술관이다. 기둥은 완벽한 코린트식(Corinthian)을 갖추고 있었고 엔타블러처(Entablature)도 제자리를 잘 잡고 있다. 정각 10시가 되니 기다리고 있던 얼마 되지 않은 수의 관람객을 천천히 순서대로 입장시킨다.

테이트 브리턴

끊임없이 솟아나는 샘물처럼 여기를 보고 나면 또다시 볼만한 새로운 전시 공간이 등장한다. 마크 로스크Mark Rothko, 윌리엄 터너William Turner의 작품은 아예 집중적으로 전시되고 있어 보는 재미가 적지 않다. 이번엔 특별히 라파엘전파Pre-Raphaelites의 존 에버렛 밀라이스John Everette Millais를 더 알게 되어서 즐겁다. 성서, 역사적 사실을 일상생활로 해석한 그의 그림이 재미있다.

그런데 더 놀랐던 것은 테이트 설립자인 헨리 테이트Henry Tate의 설립 정신이다. 우리가 노예제, 식민주의를 통해 착취한 예술품이 많으니, 이에 보답하려면 더욱 차분하고 진지하게 작품의 감상에 집중해야 한다는 것이 그의 주장이다. 더 나아가 구내서점에 페미니즘 아트 연구서, 흑인 연구서, 공공임대주택 연구서가 소개되고 있었다. 런던에서 저소득층(underclass)이 왜 분노하는지에 관한 서적도 보인다. 이런 책들이 미술관의 작은 구내서점 진열대에 놓일 수 있는 책인가. 놀라움과 감동을 안고 미술관을 나선다.

존 에버렛 밀라이스, 〈부모 집에 있는 그리스도〉

런던의 분당, 밀턴 케인즈

유스톤역Euston Station에서 신도시 밀턴 케인즈Milton Keynes로 간다. 밀턴 케인즈는 1967년 착공하여 30년 만에 완공되었는데, 영국 런던의 과밀 문제를 해결하기 위해 건설되었다. 런던에서 동북부로 70km 떨어져 있는, 9천ha 부지 규모에 인구 25만 명의 신도시이다. 런던에서 기차로 30여 분이 소요된다. 영국에서도 1960년대 이전에는 3만~5만 인구 규모의 신도시를 건설하다가, 도시의 자족성을 위해 20

만, 30만 명 이상의 규모로 확대하였다. 밀턴 케인즈는 후자에 해당
한다.

밀턴 케인즈 역사(驛舍)

　밀턴 케인즈의 도로망은 기본적으로 격자형을 갖추고 있고, 주요
간선도로의 중앙에 안전을 위한 녹지대를 설치하였다.

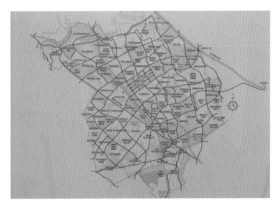

밀턴 케인즈의 도로망도

밀턴 케인즈의 도심 간선도로 중앙 녹지대

밀턴 케인즈역에서 중앙공원에 해당하는 캠프벨 공원Campbell Park 까지 간선도로가 뻗어 있고 그 양측으로 업무, 몰 형태의 상가가 조성되어 있다. 특징적인 것은 자동차 도로와 보행로와는 약간의 단차가 있고, 그사이에 주차장이 조성된 점이다. 지형적인 단차를 활용한 보차분리라고 할까. 10여 년 전에 보이지 않던 것이 확연하게 보인다.

보행로와 차로가 분리된 시가지

시티도슨트

주요 간선도로와 주변 보행 공간을 입체적으로 처리하여 주민 안전과 차량 소통이라는 두 마리 토끼를 다 잡고 있다. 일본의 쓰쿠바筑波 연구학원도시에서도 이미 1960년대부터 중심지를 입체적인 교통처리계획을 통해 보행의 안전과 쾌적성을 실현하고 있는 것으로 유명하다. 또 밀턴 케인즈에서는 대개의 보조간선도로가 신호등이 없는 라운드 어바웃(round-about) 방식으로 설계되어 있다. 게다가 대개의 업무용 건물도 10층 이하여서 과밀 공간이 되지 않도록 하고 분산된 형태를 유지하고 있다.

중앙상업지구 건축물

우리의 신도시는 시기적으로 그 이후에 등장했지만, 주택공급 목적에 치중하다 보니 시간에 쫓겨 평면적인 교통처리계획에 머물고 마는 경우가 많다. 그러다 보니 중심상업지구는 여유 및 개방 공간이 부족한 실정이다. 또 신도시 대부분이 산업과 일자리 공급계획이 부족하여 베드타운(bed town)화되었다. 일부 중심상업지역에서 업무를 주상복합으로 용도 변경을 허용해 더욱 심화된 형국이다. 향후 신시가지 계획 등에서 입체적 교통처리계획, 걷고 싶은 보행 동선 계획, 질 높은 공원 조성 등으로 도시의 질적 쾌적성이 실현되길 기대해 본다.

이제 선진도시들은 인구절벽 시대에 접어들었다. 대도시에서 멀리 떨어진 도시를 선호하지 않는다. 밀턴 케인스도 이런저런 고민을 했을 터이다. 최근 들어 계획적, 격자형 구조를 활용하여 활용해 〈Innovate UK〉에 의해 스마트시티 건설이 진행되고 있다. 인공지능을 활용한 자율주행차 운전 역시 이미 실행되었다. 또 시 당국과 대학, 기업이 함께 구축한 데이터 공유 플랫폼인 〈데이터 허브Data Hub〉를 운영하고 있다. 이런 노력으로 밀턴 케인즈는 2017년에 스마트시티 상을 받았다. 그뿐만 아니라, 인공호수와 나무, 숲 등 친환경 도시로도 나아가면서 스마트시티로 더욱 주목받고 있다. 재건축 시기가 도래한 우리의 신도시가 관심 가져야 할 대목이다.

런던에서의 마지막 시간을 보내며

손드하임 극장Sondheim theatre으로 향한다. 점심시간까지 여유가 있어 주변을 둘러본다. 피카델리 서커스역Picaddilly Circus Station에서 가까운 이곳은, 둘러보니 공연장 밀집 지역이다. 〈위키드Wicked〉, 〈앵무새 죽이기To kill the mocking bird〉 등 다양한 뮤지컬과 연극이 막을 올리고 있었다. 살짝 뒤편으로 가니 무지개 깃발도 보이고 '성인adult 거리' 분위기이다. 차이나타운도 가까워 공연을 앞두고 싼 가격에 쉽게 요기할 수 있다.

나름 거금을 주고 예약한 2층 중앙 좌석은 관람에 최적이었다. 그

뮤지컬 〈레미제라블〉 공연장

동안 후미진 먼 곳에서 관람했던 경험에 견주면 호사도 이런 호사가 없다. 이번 뮤지컬은 워낙 유명하고 또 10여 년 전에 미국에서 관람했던 적이 있었던 터라 이미 내용, 음악은 알고 있었다. 하지만 셰익스피어의 나라에서 보는 공연답게 무대 장치 변화가 물 흐르듯 자연스럽고, 가수들의 울림통도 대단하다 싶다. 잠시도 긴장을 늦출 수 없다. '나의 코제트Cosette'를 생각도 해 보고, 〈God on high. Hear my prayer...〉 하이라이트 주제곡에서는 다시 한 번 진한 감동에 빠진다. 공연을 즐기고 나오니 오전에 한산했던 거리가 사람들로 발 디딜 틈이 없다. 런던에서 뮤지컬까지 즐겼으니 모든 숙제를 다 마친 기분이다.

늦은 시간에 서둘러 숙소로 돌아오는데 도로 위의 차량이 계속해서 경적을 울린다. 차창을 열고 붉은 용 그림을 내보이며 노래까지 부른다. 다음 날 확인해 보았더니 적룡The Red Dragon 깃발은 웨일스Wales를 상징하는 깃발이었다. 때마침 아침 방송에 어제 들었던 노래가 흘러나오는데, 제목이 〈Yma O Hyd(We are still here)〉이란다. 웨일스 전통 음악으로 장엄하고 비장한 가사와 리듬이다. 역사의 굴곡을 거쳐 16세기 이후 웨일스는 완전히 잉글랜드에 합병되었지만, 아직도 튜더Tudor 왕가의 자긍심이 남아 있는 듯하다.

또 어제 목격했던 도심 한쪽 무료급식소 앞의 줄도 절대 짧지 않았다. 도시 내에는 상대적으로 소외감을 가지고 있는 민족, 계층, 지역 출신 등이 존재할 수 있다는 것을 생각하게 된다. 그리고 사회통합을 위한 포용도시(Inclusive Cities) 개념까지 생각이 미치면서, 압축성장해 왔던 우리 도시가 안고 있는 과제들을 마음속으로 나열해 본다.

거리의 무료급식소

참고문헌

1. 김정후, 《런던에서 만난 도시의 미래》, 21세기북스, 2020
2. 민유기 외, 《세계의 지속 가능 도시재생》, 국토연구원, 2018
3. 박현찬·정상혁, 《누구를 위한 높이인가》, 서울연구원, 2017
4. Jung-Won Sonn, "London's New Art Cluster at East End and its Implication", 현대 사회와 다문화, 5권1호, 2015

3. 파리 Paris

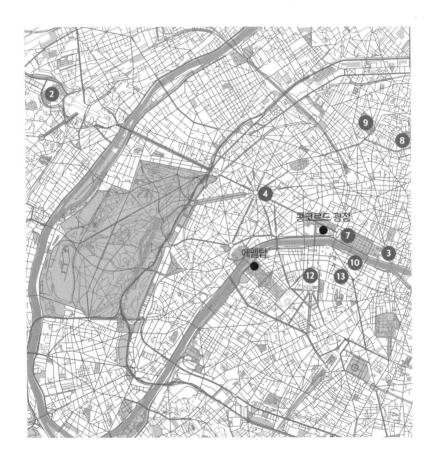

파리

1. 파리 북역
2. 라데팡스
3. 루브르 박물관
4. 개선문
5. 프랑스 국립도서관
6. 베르시 빌라쥬
7. 오랑주리 미술관
8. 몽마르뜨 언덕
9. 몽마르뜨 묘지
10. 오르세 미술관
11. 조르주 퐁피두 센터
12. 로댕 미술관
13. 마율 미술관

파리 도시계획은 오스만 남작에서 비롯되다

본격적인 서양 도시계획의 역사를 이야기할 때 파리부터 이야기를 꺼낸다. 그만큼 파리는 도시계획사에 있어 의미와 위상을 가지고 있는 도시이다. 사실 파리는 로마 시대부터 오랫동안 무계획, 무질서한 골격이 그대로 남아 있었다. 그러다가 1785년에 피에르 파뜨Pierre Patte가 건물과 하수도 체계를 갖춘 도시 도로 계획을 처음으로 제시했다. 그리고 이 계획은 약 1세기 후 오스만 남작Baron Haussmann의 파리 대개조 계획에 큰 영향을 미친다. 나폴레옹 3세Napoleon III는 황제의 자리에 오르자마자, 1853년 파리 지사 자리에 오스만 남작을 임명하고 황제의 위용에 걸맞은 새로운 파리의 건설에 착수하게 한다.

오스만 남작이 시행했던 파리 대개조의 내용은 무엇인가. 첫째는 새로운 도로의 건설이다. 구불구불한 기존 도로를 허물고 역과 주요 광장을 직선으로 연결하여 대로를 개설하였다. 이것에 대해 당시 노동자들의 소요를 진압하기 위해 군인들의 진입을 쉽게 하려는 정치적 배경이 있었다는 해석도 한다. 그러면서 신설도로에 면하는 건물의 형태와 높이를 규제해 질서 정연한 가로 분위기를 만들었다. 두 번째는 대규모 시설사업을 벌이는데 상수도와 하수도를 10년 만에 2배로 확대하고 가스 가로등(gas lighting)도 가동한다. 그 외에도 곳곳에 공원을 조성하고 도서관, 학교 등과 같은 공공건물을 새로이 신축한다. 이어서 관련 법률을 제정하면서 17년에 걸친 대대적인 개조 작업으로 오늘날과 같은 파리 모습을 갖추게 된다.

파리를 예술과 낭만의 도시라고 한다. 이것도 파리 개조 사업을 통해 기반을 갖추었기 때문에 가능한 일이다. 하지만 도시 기반이 갖추어졌다고 예술과 낭만의 도시가 되는 것은 아닐 것이다. 우리의 경쟁력 있는 도시 기반은 무엇인지를 짚어 보며 파리를 걷는다.

파리의 신도시 라데팡스를 찾는다

런던의 판크래스역St. Pancrass Station International에서 브렉시트(Brexit) 이후에 꽤 까다로워진 출국 절차를 밟고 파리로 향해 유로스타Eurostar 에 올랐다. 2시간여를 달려 파리 북역Gare du Nord에 도착했다. 두 도시 간에는 1시간의 시차가 있다.

그런데 별도의 입국 수속은 없었다. 몇 걸음 나가니까 바로 택시 승강장이고 지하철역이다. 물어물어 역 앞의 호텔을 찾았다. 역 앞의 호텔이라 쉽게 찾을 줄 알았는데 고생 좀 했다. 한결같이 불친절하고 무책임했던 '파리지엔'이다. 3성 호텔이지만 방이 협소하고 그다지 깨끗하다고도 할 수 없다. 파리 중심부에 있는 호텔이 대부분 이 정도 수준이다

서둘러 신도시 라데팡스La Défense를 향했다. 부도심에 해당하는 라데팡스는 파리의 중심부에서 서쪽으로 6km 떨어져 있으니 신시가지 개념이다. 1958년부터 파리 중심부의 부족한 사무실을 확보하기 위해 개발했기 때문에 업무기능이 260만m²로 가장 큰 비율을 차지하지만, 거주 기능도 2만 호, 상업 기능도 20만m²가 공급되고 있다.

파리 시내에서 지하철 1호선으로 30분도 채 걸리지 않아 도착했는

데, 역사 출구로 나서는 순간 거대한 그랑드 아슈르la Grande Arche가 압도한다. 중심부에는 사무실, 호텔 등이 포함된 대형복합 쇼핑상가 등이 밀집해 있다. 그랑드 아슈르에서 내려다보니 개선문까지 연결되는 통경축이 한눈에 들어온다. 더 자세한 내용을 알고 싶어 안내센터를 찾았더니 모형과 사진 자료가 대부분 불어로 되어 있어 그림의 떡이다. 주거 중심의 라데팡스 주변부까지 여유 있게 둘러보고 발길을 돌린다.

라데팡스 그랑드 아슈르

그리곤 루브르 박물관Le musée du Louvre을 찾았다. 루브르 박물관은 건물구조가 'ㅂ' 자 형태로 되어 있다. 한국어로 된 안내서와 자동 안내기의 도움을 받아 제법 비장한 마음으로 둘러보기 시작했다.

역사책에서만 보던 비석 모양의 〈함무라비 법전Code of Hammurabi〉도 볼 수 있었고, 가장 많은 관람객이 넘쳤던 〈모나리자Monna Lisa〉도 앞줄에 서서 감동을 즐겼다. 신고전주의 대표적인 화가인 다비드

Jacques-Louis David의 〈나폴레옹 1세의 대관식〉, 〈호라티우스 형제의 맹세〉, 앵그르Jean-Auguste-Dominique Ingres의 〈그랑 오달리스크Grande Odalisque〉, 〈목욕하는 여자〉 등을 둘러보았다. 〈호라티우스 형제의 맹세〉는 내 눈에는 여전히 경직된 평면 구도로밖에 보이지 않아 긴 시간을 보내며 골몰했었다. 그러다 결국, 밀레Jean-François Millet의 〈만종〉, 〈이삭줍기〉를 놓쳐서 아쉬움이 많았다. 언젠가 여유롭게 감상할 기회를 또 갖겠다는 결심만 가득 안고 박물관을 나선다.

루브르 박물관을 나와 파리의 통경축을 따라 걷기 시작했다. 파리 중심부는 튈르리정원Jardin des Tuileries의 루브르박물관-오벨리스크Obelisk가 우뚝 솟은 콩코드광장Place de la Concorde-샹젤리제 거리Avenue des Champs-Élysées를 거쳐 개선문Arc de Triomphe-라데팡스의 그랑드 아슈르Grande Arche로 이어지는 거대한 통경축이 형성되어 있다. 샹젤리제 거리를 거쳐 개선문에서 걸음을 멈춘다. 개선문 주변은 로터리 형

개선문

식으로 되어 있어서 지하도를 거쳐야 개선문에 도달할 수 있었다. 개선문의 꼭대기 전망대를 포기하고 대신 샹젤리제 거리의 노천카페에서 식사하는 호사를 누려 보기로 했다. 레마르크Erich Maria Remarque의 소설 〈개선문〉에서 주인공 라비크가 즐겨 마시던 칼바도스Calvados는 꼭 한잔해야 하지 않을까. 한 잔이라 해 봐야 잔 밑바닥에 술이 조금 깔린 정도이다. 처음 맛본 칼바도스는 도수 40도에 브랜드 특유의 입안 전체를 뜨겁게 만드는 느낌이 좋다.

파리도 균형발전을 고심한다

프랑스 파리는 크게 빌드파리Ville-de-Paris와 일드프랑스Ill-de-France로 구분된다. 전자는 외곽순환도로 내부의 면적 105km²에 인구 220만 명이 거주하는 반면, 후자는 외곽 신도시를 포함하여 12,011km² 면적에 1,200여만 명의 인구가 거주하고 있다. 참고로 서울의 면적은 605km²이다. 그래서 빌드파리Ville-de-Paris가 사실상의 파리라고 할 수 있다. 빌드파리는 20개 지구(Marie)로 나뉘어 있으며 도심에서부터 달팽이 모양으로 그 고유 번호가 부여되어 있다.

그중 15지구는 에펠탑이 있는 파리의 남서부지역으로 젊은 층이 다수 거주하고 유통, 상업 기능이 많이 자리 잡고 있다. 최근 들어 젊은 층이 오피스텔, 소형아파트의 편리함을 인식하고 선호함에 따라 새로운 오피스텔, 소형주택이 속속 들어서고 있단다. 이 지역은 한국인들이 많이 거주하고 있는 지역이기도 하다.

남쪽의 14지구에 있는 몽파라스 타워Montparnasse Tower를 찾아보기로 했다. 209m 57층 규모의 건물로, 그동안 도시계획적으로 이를 허용해야 할지 많은 논란이 있었던 건물이다. 저층 건물이 많은 들어서 있는 주변 지역과 비교하면 나 홀로 솟은 건물이기는 하다. 파리에서 도시계획 변경을 위해선 반드시 공모를 거쳐 시행된다는 것이 특징이다.

다시 동쪽으로 이동하여 프랑스 국립도서관Bibliothèque nationale de France, 베르시 공원Parc de Bercy, 그리고 경제부처가 밀집한 12, 13지구를 찾았다. 파리는 1983년부터 파리의 균형 있는 발전을 위해 파리동쪽계획Plan-Programme de l'Est de Paris을 수립했다. 계획 내용은 구역 전체를 베르시 구역Bercy District, 톨비악 구역Tolbiac District, 마세나 구역Massena District으로 나누고 차례대로 개발한다는 것이 주된 내용이다.

프랑스 국립도서관

계획 내용을 더 구체적으로 살펴보면, 먼저 베르시 구역은 원래 옛 포도주 창고와 철로가 혼재된 지역이었다. 구역의 북쪽에 베르시 공원을 조성하고, 남쪽은 베르시 빌라쥬Bercy Village를 조성하여 주거단지로 개발하였다. 톨비악 구역에서는 건축가 도미니크 페로Dominique Perrault

가 설계한 국립도서관이 '관전' 포인트이다. 지하철 철로 상부를 복개하여 7만 8천 평의 인공대지를 조성하고 철도 기지창에 프랑스 국립도서관을 건립한 것이다. 서울시에서 한강 변 고속화도로나 고속도로 상부를 덮개를 씌워 공원을 조성하는 방안을 고민했던 것에 좋은 참조사례가 될 수 있을 것이다. 마세나 구역은 파리 7대학 등 연구 중심 단지 인근에 다양한 주거시설을 배치하고 과거 산업건축물을 활용하여 예술 활동 공간으로 용도 변경한 지역이다.

이제 천천히 둘러보기로 한다. 가장 먼저 찾은 프랑스 국립도서관은 센강la Seine에 연접한 지역으로 네 모퉁이에 책 모양의 건물이 들어서 있다. 지하 4개 층 정도의 하단부는 'ㅂ' 자 형태의 공동 건물구조로 되어 있으며, 중정 형태의 가운데 빈 곳에 충분히 식재하여 창을 통해서 마치 숲속에 와 있는 것 같은 느낌이 들도록 설계되어 있었다.

베르시 빌라쥬

센강 건너편에는 베르시 공원이 있는데, 공원으로 건너가는 시몬느 드 보부아르Simone de Beauvoir 보행교가 이중으로 서로 교차하게 되어 있어 설계가 재미있다. 베르시 빌라쥬Bercy Village는 그 공원 남측에 있다. 3줄로 늘어선 긴 옛 포도주 창고 건물을 개조하여 식당, 노천카페, 기념품점 등 다양하게 개조하여 손님을 맞고 있다. 칼바도스Calvados 도 도수가 다양하다는 것을 여기서 알았고, 기념으로 여기서 칼바도스 한 병을 구매했다.

몽마르트르에서 역사를 추억한다

파리에서 미술관 휴관 요일은 월, 화 등 다 다르다. 하물며 수요일 에 휴관하는 미술관도 있다. 사전에 휴관하지 않는 미술관을 확인하 고 찾아 나서야 한다. 대신 직장인이나 관광객을 위하여 요일을 정해 놓고 밤늦게까지 개장하는 미술관도 있다. 루브르 박물관은 매주 수 요일과 금요일, 오르세 미술관은 매주 목요일에 야간에 개장한다.

파리에서 가장 아름답고 정교하다는 알렉상드르 3세 다리le pont Alexandre III를 지나 오랑주리 미술관Musée de l'Orangerie을 찾았다. 원래 오렌지 등을 키우던 궁중 온실이었던 이 미술관은 루브르궁Palais du Louvre의 틸르리 정원Jardin des Tuileries에 자리를 잡고 있다. 2개의 방에 8개의 연작을 전시하고 있는 모네Claude Monet의 〈수련〉. 흐릿한 수련 의 채색 이유를 모네의 안과 질환으로 설명하기도 하지만, 그의 독특 한 채색 기법으로 이해해도 좋을 듯하다. 지하층에서는 기획전이 열리 고 있었다. 쇠라Seurat, 보나르Bonard에다 미래파의 자코모 발라Giacomo Balla, 움베르토 보초니Umberto Boccioni 작품도 감상할 수 있다.

오랑주리 미술관의 모네, 〈수련〉

그리곤 지난 추억이 남아 있기도 한 몽마르뜨Montmartre 언덕, 백색의 사크레쾨르성당Basilique du Sacré-Cœur을 여유를 갖고 찾았다. 옅은 비에도 초상화가의 호객은 여전하다. 어깨너머로 초상화를 보면서 우리의 대학로 수준이 낮다는 생각이 든다.

이번에는 툴루즈 로트렉트Henri de Toulouse-Lautrec 그림에 등장하는 물랭루주Moulin Rouge를 찾아보기로 했다. 1889년에 문을 열었으니 무릇 130년 이상의 역사를 간직하고 있는 셈이다. 그런데 주변에는 남녀를 불문하고 유혹하는 호객꾼이 아직 많다. 집요해서 뿌리치기도 힘들 지경이다. 이들 눈에는 후줄근한 차림의 먼 나라 여행객도 '남자'로 보이는 모양이다. 그러고 보니 인근에 'sex shop', 'live show' 간판이 수두룩하다. 발길을 돌려 드가Edgar Degas의 묘소가 있다고 알려진 몽마르트르 묘지도 찾았지만, 입구를 찾기 어려워 담장 밖에서 들여다보는 것에 만족해야 했다.

물랭루주

몽마르트르 묘지

오르세 미술관을 찾다

화요일. 다시 한 번 더 요일을 확인한다. 깜박 잊고 월요일에 오르세를 찾았다가 발길을 돌려야 했던 10년 전의 악몽이 떠올랐기 때문이다. 오르세 미술관은 원래 기차역이었다가 1986년에 미술관으로 개조되었다는 것은 잘 알려진 사실이다. 이 미술관에는 1789년 대혁명부터 1848년 2월 혁명 이후 제2공화국까지의 작품이 주로 전시되고 있다.

많은 애호가가 다녀왔고 많은 정보를 인터넷에 올려주어 쉽게 다가갈 수 있었다. 소개된 정보에 따라 5층부터 1층씩 내려오기로 했다. 5층에는 쇠라의 작품부터 시작한다. 신인상주의 대표자 쇠라 Seurat의 그림은 색상을 섞으면 밝은 기운(Luminous Intensity)이 감소한다는 과학적 근거에 의하고 있다. 점묘법을 통해 이를 극복해야 한다고 굳게 믿고 있었다.

쇠라의 〈서커스〉, 모네Claude Monet의 〈루앙성당〉, 〈카미유 모네의 임종〉, 마네Édouard Manet의 〈풀밭 위의 점심〉, 세잔Paul Cézanne의 〈카드 치는 사람〉, 〈사과〉, 르누아르Auguste Renoir의 〈피아노 치는 소녀〉, 그리고 피사로Camille Pissarro, 모리조Berthe Morisot, 커셋Mary Cassatt의 작품도 많이 보인다.

오르세 미술관 내부

　하지만 마네의 유명한 〈피리 부는 소년〉, 〈올랭피아Olympia〉를 보려면 0층으로 와야 한다. 나비파의 보나르Pierre Bonnard, 비야Jean-Édouard Vuillard 작품 그리고 쿠르베Jean-Désiré Gustave Courbet의 사실주의 작품도 0층에 자리 잡고 있다. 특히 드가Edgar Degas의 특별전이 0층에서 진행 중이었는데, 파리지안은 대거 여기에 몰린 듯하다. 별도의 비용을 더 지불해야 했지만, 그의 움직임의 미술을 체계적으로 이해할 수 있는 유익한 시간이었다.

　스킵플로어(Skip Floor)를 이용해 곳곳에 소장전이 전시되고 있어 열심히 관심을 가지고 돌아보지 않으면 놓치기에 십상일 듯하다. 나도

앙리 마티스Henri Émile-Benoit Matisse의 〈사치 고요 관능〉은 못 본 듯하다. 조각 작품이 집중적으로 배치된 곳이 0층인데, 로댕François-Auguste-René Rodin의 〈지옥의 문〉도 감상할 수 있다. 클림트Gustav Klimt로 대표하는 상징주의 작품 코너도 있었던 것으로 기억한다.

10년을 기다렸던 오랜 소원을 풀은 듯하여 관람을 마치고 나니 기운이 빠진다. 센강 변에 나와 한참을 앉아 있었다. 센강의 유일한 인도교이면서, 사랑의 자물쇠로 유명한 레오폴드 세다르 상고르Léopold Sédar Senghor 다리를 구경하는 재미도 쏠쏠하다.

레오폴드 세다르 상고르 다리

그리고 건축가 렌조 피아노Renzo Piano, 리처드 로저스Richard Rogers 등이 설계한 조르주 퐁피두 센터Centre Georges-Pompidou를 찾는다. 건물 지지 구조와 파이프가 건물 바깥에 설치되어 있는데, 기능별로 색깔을 달리 구분해 놓아 특징적이다. 이를테면 공기 공급은 흰색, 전기 배선은 노랑, 수도관은 녹색 등이다. 18세기 이전 미술작품은 루브르 박물관, 인상주의와 후기 인상주의는 오르세 미술관, 그리고 현존 작가를 포함한 근대 미술은 퐁피두 센터에 많이 전시되어 있다. 복합 문화시설이라 시간적 여유를 가지고 둘러보는 재미가 있다. 센터 앞 광장에서 펼쳐지는 팬터마임, 통기타 공연과 같은 거리공연을 보는 재미 또한 적지 않다. 또 광장에는 곳곳에 노천카페가 자리 잡고 있다. 담소를 나누거나 지나가는 사람 구경을 할 수 있도록 의자를 마주 보거나 거리를 향하도록 배치하고 있다. 그중에는 유명한 작가, 철학자들이 자주 이용하던 카페도 있어 명소로 널리 알려지기도 한다. 파리의 독특한 카페문화, 광장문화라고 할 수 있다. 카페문화가 일반화되어 있어도 한국만큼 브랜드커피점이 눈에 많이 띄지 않는다.

퐁피두 센터

바르비종으로 향하다

오늘 방향을 퐁텐블로Fontainebleau로 잡은 이유는 바르비종파École de Barbizon의 본거지에 해당하는 바르비종 마을이 인근에 있는 데다, 또 파리의 교통카드 '나비고Navigo'로 쉽게 다녀올 수 있기 때문이기도 했다. 퐁텐블로Fontainebleau는 왕과 귀족의 사냥터였던 아름다운 산림 지역이다. 또 프랑수아 1세François I 때 건축한 퐁텐블로성은 나폴레옹과 조세핀이 사랑을 속삭였던 아름다운 곳으로 유명하다.

리옹역Paris-Gare de Lyon으로 가서 국철TER ligne을 이용하여 퐁텐블로-아봉역Gare de Fontainebleau-Avon에 도착했다. 퐁텐블로성으로 가는 1번 버스를 타고 이동해서 나폴레옹과 조세핀의 흔적을 잘 보관하고 있는 성내를 둘러본다. 그러다 관람도 지체되었고 마침 하교 시간과 맞물리면서 바르비종행 마지막 버스를 놓치고 말았다. 12시 44분 버스가 마지막 버스라니 잘 이해되지 않았지만, 현실은 어떻게 할 수 없지 않은가.

관광센터 직원이 친절하게 메모해 준 번호로 택시를 부르는 전화를 했더니 기대와는 달리 자가용 영업차가 나타났다. 택시 면허증을 보여 주며 애써 택시라고 강조한다. 이런 시골 동네의 관습인 것 같기도 하다. 요금은 25유로로 낙착되었고 올 때도 그 가격으로 믈랭Mulen역으로 데려다주기로 했다. 그는 성실하게 약속을 잘 지켜 주었다.

퐁텐블로 숲은 프랑스 최고의 숲이고, 그 가운데 자리 잡은 바르비종Barbizon은 지금 돈 많은 은퇴자가 사는 고급주택가로 변신했단다. 운전자도 여기서 사는 것이 자신의 꿈이라고 할 정도이다.

하지만 정작 이날은 가게며 갤러리도 문을 닫은 곳이 많다. 밀레미

시티도슨트

퐁텐블로

술관도 닫혀 있었다. 우연히 물건을 옮기던 미술 관계자를 만났는데 오늘이 휴일이란다.

바르비종 마을

바르비종파에는 루소Henri Rousseau, 코로Jean-Baptiste-Camille Corot, 뒤프레Julien Dupré, 밀레Jean-François Millet 등이 속한다. 〈간의 집Auberge Ganne〉은 과거 이들 작가가 머물렀던 곳을 복원한 기념관이다. 다행히 이곳은 개방되어 있었다. 벽에도, 가구에도 그들의 그림이 그대로 남아 있다. 사실 바르비종파가 활동할 당시는 시대적으로 무거운 주제의 작품만 예술로 인정받고, 경관을 다룬 그림은 예술이 아니라고 홀대받던 시절이었다. 그러나 이들은 '경관은 재건축할 필요가 없다. 왜냐하면, 자연은 충분히 창조되었기 때문이다'라고 주장하면서 진술한 서민의 삶과 경관을 담아냈다. 마침 철도가 개통되면서 접근이 쉬워지자 고흐를 비롯한 많은 파리 인상주의 작가도 이곳을 다녀갔다. 이들은 바르비종파의 색의 진솔성(sincerity of colour)에 놀랐다고 전해진다.

이 기념관을 지키던 두 명의 직원은 오직 한 사람뿐인 관람자, 더구나 이코모스(ICOMOS) 회원이라 무료로 입장한 나를 위해 기꺼이 40분짜리 자료 영화도 상영한다. 작은 기부를 거절하는 이들을 위해 책갈피 몇 개 사는 것으로 고마움을 대신한다.

〈간의 집〉 내부

오베르에서 고흐를 만나다

오베르Auvers sur Oise로 가는 방법은 다소 복잡하다. 고민을 거듭하다 파리 북역에서 H라인ligne H을 타고 가는 방법을 선택했다. 거기서 크레일Creil행으로 갈아타고 오베르역Gare d'Auver에서 내리면 된다. 서둘렀더니 겨우 오전 8시를 넘겨 오베르역에 도착했다. 시골로 갈수록 우리도 다문화가족이 많듯이, 여기도 모로코 지역의 아프리카 베르베르 흑인 계열을 많이 볼 수 있다.

오베르Auvers sur Oise는 고흐Vincent Willem van Gogh의 마을이라고 할 수 있다. 죽기 70일 전부터 거주하였고 왕성한 창작열을 불태웠던 곳이다. 곳곳에 그와 관련된 흔적들을 소개하고 이를 관광 상품화하고 있었다. 살아서도, 죽어서도 고흐의 마을이다.

하지만 대부분 오전 10시 이후라야 개방된다는 팻말만 난무하니, 시간에 구애받지 않고 갈 수 있는 곳을 물색해야 했다. 안내판에 소개된 루트를 보고 마을사무소, 오베르 성당, 고흐와 동생 테오가 안식하는 시립묘지, 밀밭, 의사 가셰Gachet 박사 저택 순으로 밟아 갔다. 곳곳의 명소에는 고흐의 그림이 그려진 팻말을 함께 설치하고 있어 비교해서 보는 즐거움이 있다. 시립묘지 앞에 가면 고흐와 동생 테오Theodorus van Gogh의 묘 위치도 소개되고 있어 어렵지 않게 형제의 묘를 찾을 수 있었다. 찬 흙 속에서 형제는 지금 무슨 대화를 나누고 있을까. 돌아오는 길에 인상파의 박물관 역할을 하는 오베르성Chateau du Aubers에서 〈영상으로 본 인상주의자Vision Impressioniste〉라는 전시회가 있어 들어가 본다. 인상주의의 탄생, 특징, 변화 등을 첨단기술로 비교 구현하고 있어 흥미롭다.

그럭저럭 11시가 넘었다. 이제 자유롭게 입장할 수 있겠다 싶어 적극적으로 기웃거리기 시작했다. 라부 여관Auberge Ravoux 3층에 있는 고흐의 아틀리에는 복원되어 현재는 기념관으로 이용되고 있다. 기념품 판매원은 해설사를 겸하고 있었는데, 혼자뿐인 이 방문객에게 잘 들리지도 않는 프랑스식 영어로 열심히 설명하고 비디오방으로까지 안내한다. 건물 1층은 여전히 식당 겸 카페로 이용되고 있었는데 식당 매니저의 배려로 예약도 없이 자리를 차지할 수 있었다. 비싸더라도 점

오베르 성당

고흐와 동생 테오의 묘소

심은 여기에서 해결하는 것이 좋겠다 싶어 주문했는데, 맛은 그저 짜기만 할 뿐 기대에 많이 못 미친다.

마욜미술관에서 파리지엔을 만나다

과한 욕심은 버려야 한다는 지난 여행경험을 교훈 삼아, 시간이 많이 소요되는 지베르니Giverny, 베르사유궁전Château de Versailles은 과감하게 접고 로댕 미술관Musée Rodin, 마욜미술관Musee maillol으로 정했다. 역시 로댕 미술관의 단연 압권은 단테의 신곡 지옥에서 영감을 얻은 〈지옥의 문〉과 백년전쟁 당시 영국군에 대항하여 칼레시를 지키기 위해 나서는 6명의 영웅 스토리에서 영감을 얻었다는 〈칼레의 시민들〉, 그리고 〈키스〉이다. 다양한 조각 재료들, 조각을 위한 많은 스케치는 창작이 그 얼마나 고단한 과정인가를 고스란히 보여 주고 있다. 하지만 감상 도중 내내 30년 동안 정신병원에 갇혀 있었던 로댕의 연인 카미유 클로델Camille Claudel이 겹치면서 감상에 집중하기 어렵다.

로댕 미술관

로댕 미술관에서 멀지 않은 곳에 자리 잡은 마욜미술관Musee Maillol
은 삶을 예술에 바친 프랑스 조각가 아리스티드 마욜Aristide Maillol을
기념하여 그의 모델이었던 비에르니D. Vierny가 설립한 미술관이다. 작
가의 명성에 비해 잘 알려지지 않은 미술관이었지만, 그야말로 '이상
한 나라의 앨리스'이다. 크지 않은 규모의 미술관인데 입구부터 매표
를 위한 줄이 계속된다. 특히 중년의 프랑스 여성이 무척이나 많다. 전
시 작품들은 여성 누드, 바다, 인물과 같은 일상적인 주제를 각자의
독특하고 다양한 기법으로 풍자적 표현을 하고 있다. '세상 물정에 어
두운 예술가(naive artists)'라고 하는 부제가 붙어 있다. 마욜 특유의
풍만하고 거대한 여성상을 연상하게 하는 작품도 많은데, 프랑스인들
의 미적 취향을 훔쳐본 것 같아 재미있다. 유명 미술관을 관광객에게
내주고 프랑스 내국인을 위한 전시 공간처럼 느껴진다.

점심을 위해 지하 2층 식당으로 내려갔다. 역시 중년 여성들, 간혹
부부들이 식당을 채우고 있다. 식사를 마치고 신용카드로 계산하려
는데 서빙하던 젊은 프랑스 여성이 우리말로 먼저 한국분이냐고 묻
는다. 신용카드에 적혀 있는 이름을 보고 한국인이라는 것을 알았으
며, 1년 동안 한국에서 어학연수를 했다며 유창하게 한국말로 이야기
를 건다. 나의 영어 질문에 계속해서 한국말로 응수할 정도로 유창했
다. 한국에서 경험이 유쾌했던 것 같고 여전히 한국에 문화적 향수가
있는 듯했다. 손님이 많아 긴 이야기를 나누지 못했지만, 우리 정서와
문화의 잠재력과 경쟁력을 확인한 듯하여 뿌듯하다. 파리에서의 마지
막 날은 이렇게 마무리된다.

카미유, 〈인형을 든 소녀〉

우리 도시의 미래를 생각해 본다

참으로 긴 시간이었고 유익한 시간이었다. 내내 엄청난 문화재와 예술 작품이 부러웠다. 하지만 이곳도 역시 사람 사는 곳이었다. 불편과 불만, 편견이 존재했다. 또 곳곳에 지울 수 없는 근대 산업화의 흔적이 남아 있었다. 파리 지하철은 1900년 7월 1일에 개통했다. 그동안 많은 보수도 하고 개량도 했지만, 우리 지하철의 청결함에 미치지 못했다. 어차피 이들이 감당해야 할 불가피한 현실이 아니겠는가.

그리고 우리는 이런 '후발주자의 이익'을 향유하고 있는 셈이다. 하지만 '후발주자의 이익'도 머지않아 곧 우리의 미래의 짐이 될 것이다. 도시의 철학을 분명히 하고 미래를 위한 '전략적 계획'이 마련되어야 하겠다. 또 몇백 년 후에 후손이 자랑스럽게 내세울 수 있는 우리의 것을 만들어 내야 하지 않겠는가.

살아 있는 꽃은 화병에 꽂아야만 예쁘지만, 말릴 때는 거꾸로 말려야 제대로 마른다. 우리 도시의 미래를 생각하며 도시를 거꾸로 볼 수 있는 반면교사의 시간이었음이 틀림없다.

참고문헌

1. 한광야, 《도시의 진화체계》, 커뮤니케이션북스, 2018
2. 한지형, "파리의 새로운 도시조직 구성과 주거 블록 형태에 관한 연구", 대한건축학회논문집 계획계 제23권 제7호(통권 225호), 2007
3. 전원경, 《예술, 역사를 만들다》, 시공아트, 2020

4. 암스테르담 Amsterdam

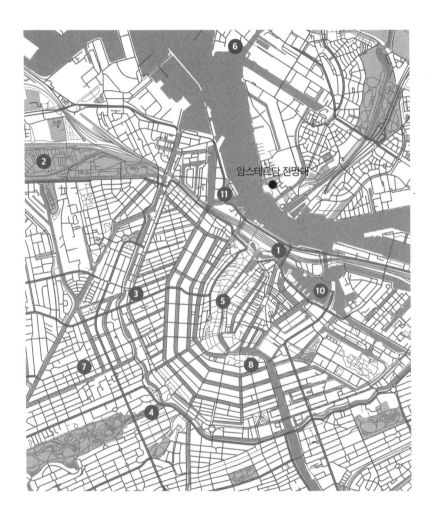

암스테르담 전망대

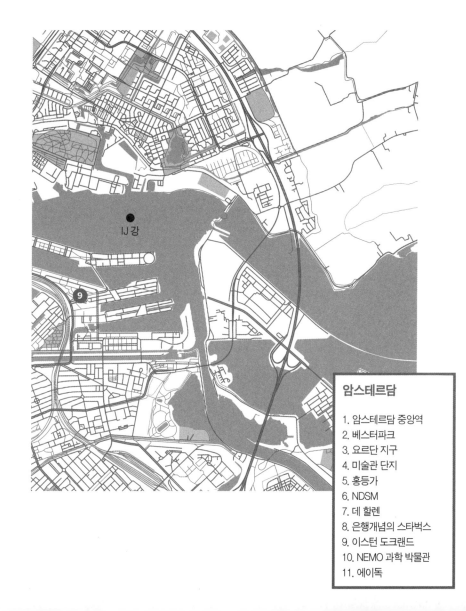

IJ 강

암스테르담 중앙역에 내리다

사실 그동안 알고 있는 네덜란드 암스테르담에 대한 유일한 지식은 암스테르담 콘서트헤보우 오케스트라Concertgebouw orchestra of Amsterdam 정도였다. 이 오케스트라는 금관악기의 연주가 돋보이는데, 이 교향악단이 연주하는 〈백조의 호수Swan Lake〉 CD는 가장 애호하는 CD 중 하나이다.

그러다가 최근 여러 관련 자료를 통해 도시재생의 아이콘으로 소개되고 있는 암스테르담을 알게 되었다. 주변에 경쟁력 있는 항만 도시들이 많다. 함부르크Hamburg도 있고 코펜하겐Copenhagen도 있다. 그런 경쟁 속에서도 암스테르담 항구는 유럽에서 4번째 큰 무역항이다. 스히폴 국제공항Amsterdam Airport Schiphol도 유럽에서 3번째로 큰 규모이며, 암스테르담 남서부에는 국제금융지구로 개발되고 있는 주이다스Zuidas가 있다. 해발고도가 바다보다 낮은 도시라는 자연적인 제약을 극복하고 세계 무역 거래의 거점이 될 수 있었던 경쟁력은 어디서 오는 것일까. 어려운 여건을 이겨 낸 저력은 기반 시설의 힘만이 아닐 것이다. 이들에게 흐르는 시대정신이 함께하고 있기 때문이라 믿는다.

파리 북역Gare du Nord에서 국제 급행열차 탈리스Thalys 편으로 네덜란드 암스테르담Amsterdam으로 향한다. 앤트워프Antwerp, 스히폴 국제공항 등을 거쳐 3시간 반 만에 암스테르담 중앙역Amsterdam Central에 도착한다. 수로 또는 호수라는 뜻의 에이IJ에 면하고 있는 암스테르담 중앙역은 일본 도쿄역의 모델이 된 역으로 유명하다. 좌우대칭에다 저층부 러스티케이션(Rustication)에 준하는 마감처리, 아치형 창문 등의 르네상스 양식을 갖추고 있다. 러스티케이션은 주로 건물의 하단부에 석재의 가장자리를 평평하게 깎아내어 시공하는 석공술을 말한다. 여기에서는 건물 전체가 벽돌이지만 저층부 외벽에는 벽돌을 배제하여 러스티케이션 효과를 연출했다는 의미이다.

암스테르담 중앙역은 유럽의 어느 도시든 다 갈 수 있는 기차역이기 때문에 국제 급행열차는 물론이고 공항 열차 및 로컬 열차들을 이용하려는 사람들로 넘친다. 그뿐만 아니라 암스테르담 시내를 누비는 트램(Tram) 대부분도 이 암스테르담 중앙역을 거치기 때문에 도시 내외를 연결하는 거점 역할을 하고 있다고 할 수 있다.

암스테르담 중앙역

도착했을 때 도시는 이미 밤이 깊었고 차가운 삭풍만이 거리를 쓸고 있는데, 구글 지도에 의지해 예약한 호텔에 짐을 푼다. 구글 지도가 참 유용하다 싶다. 난생처음 와 보는 도시에서도 구글 지도를 활용하면 호텔을 찾아가는 일쯤이야 대수가 아니다.

호텔은 암스테르담 중앙역에서 서쪽으로 800m 정도 떨어져 있다. 충분히 걸을 수 있는 거리이고 호텔디자인이 매력적이어서 내심 만족도가 높다.

암스테르담 역사를 들여다본다

원래 네덜란드Nederland는 '낮은' 땅이라는 의미이다. 이 척박한 지역을 부르고뉴 공국Duché de Bourgogne이 다스렸다. 이곳에 스페인을 통일한 이사벨 여왕의 종교 탄압과 1517년 종교개혁 이후 프랑스에서 종교 박해를 받던 이교도들이 모여들었다. 그런데 부르고뉴 공국의 왕위를 계승한 스페인의 펠리페 2세Felipe II가 억압적인 통치를 하자 이에 반발해 투쟁을 한다. 그중에서 남부 10개 주는 결국 스페인의 지배를 수용했지만, 북부 7개 주는 1581년에 독립을 쟁취해 네덜란드 공화국으로 분리되었다. 1648년 베스트팔렌조약Peace of Westfalen으로 국제적으로도 인정받게 된다. 스페인의 지배를 받아들였던 남부 10개 주는 나중에 벨기에Kingdom of Belgium로 국제사회에 등장한다. 그런 만큼 벨기에는 로마 카톨릭 교인의 비중이 높다.

암스테르담은 국제적인 무역도시이자 네덜란드의 수도이다. 면적 219km²에 대략 88만 명의 인구 규모이다. 우리로 보면 수원시, 고양시, 하물며 성남시 인구수보다 작다. 원래 암스테르담도 암스테르강

River Amstel 하구에 둑(dam)을 막아 만든 작은 어촌이었다. 제방을 쌓고 운하를 건설하여 해수면보다 낮은 지형을 극복하면서 도시의 팽창에 대응해 나간다.

특히 16세기 말부터 17세기 초까지 진행된 도시개발 프로젝트가 있었다. 이 프로젝트는 구시가지의 서쪽과 남쪽으로 뻗은 운하망, 구시가지를 둥글게 에워싼 중세 항구가 대상지이다. 그리고 싱겔Singel 운하의 위치를 내륙 방향으로 재조정한다. 이는 부채꼴 형태의 운하 체계를 이용하여 습지의 물을 빼고, 물이 빠진 습지를 매립하여 도시를 정비, 확장하는 계획이었다.

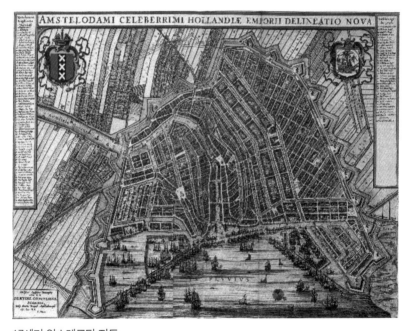

17세기 암스테르담 지도
자료: https://2thadult.tistory.com/251

이러한 도시 확장은 당시로서는 대표적인 대규모 도시계획의 사례였으며, 19세기까지 세계적으로 참고 모델이 되었다. 러시아에서는 표트르 대제Pyotr I가 네바강River Neva 하구 쪽 습지에 상트 페테르부르크 Saint Petersburg를 건설하고 1712년에 천도했다. 그 모델이 되었던 것이 암스테르담이다. 또 운하에 맞추어 건물을 일렬로 가지런하게 배치한 것도 미국 뉴욕에 영향을 준 대목일 수 있겠다.

이후 점차 자유로운 경제활동이 허용되었고 경제적인 부도 축적하였다. 그래서 암스테르담은 종교, 예술과 경제에 있어서 관용과 자유의 아이콘이 되는 최고의 도시로 성장한다. 암스테르담을 막연하게 유럽의 소국, 네덜란드의 수도 정도로 알고 있겠지만, 세계 경제의 중심이고 거칠 것 없는 자유주의 표상으로 등장한다.

반원형으로 이루어진 세 개의 큰 운하로 둘러싸인 암스테르담 구시가지에는 대부분의 관광 명소가 밀집되어 있다. 이 구역은 운하 지구라고 하고, 2010년에 유네스코 세계유산으로 지정되었다. 암스테르담 중앙역에서 정면으로 암스테르담의 중심이 되는 큰 대로가 뻗어 있다. 이를 담락 거리Damrak Street라고 하며 그 끝 지점에 담 광장Dam Square 이 있다. 담락 거리와 평행하게 가는 운하가 있는데, 그 양편의 도로가 홍등가 거리이다. 그런가 하면 노동 계층과 이민자들이 많이 들어와 자리 잡은 요르단Jordan 지구는 구시가지의 서쪽 외곽에 자리 잡고 있는데, 다양한 서민의 삶을 볼 수 있는 곳이 거기이다.

'미술관 단지'에서 고흐를 만나다

아침 식사하면서 호텔 창을 통해서 본 암스테르담 건축은 인상적이다. 최근 새롭게 들어선 건물들은 바우하우스(Bauhaus) 형식으로 정형성을 가지고 있지만, 도형적인 건물 배치와 디자인, 다양한 창문 크기와 컬러 등으로 절대 단순하지 않다. 건물마다 독특한 특색이 있으니 건물을 관찰하는 재미가 적지 않다. 이는 다른 건축물과 차별적인 설계를 요구하는 기준이 건축허가에 적용되기 때문이다. 천편일률적인 우리의 건축물에 비하면 이것만으로도 특색 있는 구경거리가 된다.

암스테르담 시가지 건물

오늘 목적지는 담 스퀘어Dam Square를 지나서 조성된 '미술관 단지 Museum Quater'이다. 채 어둠이 걷히기 전에 호텔을 나서면서 베스터파크Westerpark부터 찾아 들르기로 했다. 원래 이곳은 석탄에서 가스를 채취하던 베스터하스파브릭Westergasfabriek이라는 공장이 있었다. 하지만 북해North Sea의 천연가스 등장으로 애물단지로 전락하게 된다. 시민들의 요구와 긴 논의 끝에 공원으로 복원하기로 하면서 건축가 카

공원 내 호텔

공원 내 이벤트홀

스린 구스타프손Kathryn Gustafson의 손길이 더해졌다. 2003년에 공원으로 오픈하면서 광장, 놀이터, 수변 시설과 잔디 언덕 외 복원된 산업 기념물이 들어서 있다. 개조된 옛 가스 공장에서는 정기 전시회, 마켓, 페스티벌이 열리며, 호텔, 다양한 식당, 클럽도 들어서 있다. 잔디밭과 거리에는 여러 조각품이 마치 자기 자리인 양 자리를 잡고 있다.

이곳에서 다시 걸음을 재촉한다. 미술관 단지로 이동하려면 요르단Jordan 지구를 가로질러 가야 한다. 암스테르담 서민들의 생활상을 알수 있는 기회이기도 하다. 5층 정도의 공동주택이 측벽공유 형태로 이어져 들어서 있고 지붕창(dormer)도 흔히 보게 된다. 그런가 하면 운하에서 수상가옥을 자주 보게 된다. 이 점이 수로가 크지 않은 이탈리아의 베네치아Venezia와 또 다른 특징이다. 이동은 자전거에 대부분 의존하고 있었다. 특히 자전거 이용은 지극히 일상화되어 있어 자전거전용도로가 없는 곳이 거의 없다. 게다가 자전거들이 속력을 내며 달려들 듯이 달린다. 한국에서 느껴 보지 못한 충격이다. 보도와 자전거 도로가 엄격히 구분되니 자전거 도로로 넘어서면 안전 보장이 되지 않는다는 것을 마음속에 깊게 새길 필요가 있다.

운하 수상가옥

예약 시간에 맞추어 빈센트 반 고흐 미술관Vincent van Gogh Museum
에 도착한다.

빈센트 반 고흐 미술관

입장하자마자 반 고흐의 자화상 모음과 마주한다. 고흐의 작품이
세계 곳곳의 미술관에 소장되어 있는데, 여기에도 이렇게 많으니 그의
작품 수가 엄청나다는 것이 실감이 난다. 그러니 우리가 알고 있는 것
이 또 얼마나 제한적이었던가. 〈피에타Pieta〉도 있고, 유명한 〈아를르
의 포룸 광장의 카페 테라스Café Terrace at Night〉와 유사한 배경의 〈노
란 집the yellow house〉도 있다. 또 〈해바라기sunflower〉와 〈감자 먹는 사
람the Potato Eaters〉 등 그를 대표하는 작품도 소개되고 있다.
　반 고흐 미술관과 옆으로 마주 보고 있는 건물이 암스테르담 시립
미술관Stedelijk Museum이다. 주로 19~20세기의 유명한 회화와 조각 작
품들이 소장되어 있다.

하지만 시대를 초월하여 다양한 주제의 작품들이 많다. 설치물도 많고 전쟁, 디지털 미디어를 주제로 하는 작품도 소개되고 있다. 남학생들이 단체로 관람을 왔는데 요염한 작품 앞에서는 음흉한 웃음을 날리고 낄낄댄다. 역시 동서양을 막론하고 그럴 때가 있는 모양이다. 전형적인 네덜란드 벽돌 건물에다 파사드(facade) 부분을 현대적인 건축으로 덧씌운 모습이 인상적이다. 이렇게 네덜란드에서 벽돌을 널리 사용한 이유는 다른 석재가 여의찮은 데다가, 수시로 변하는 날씨에도 잘 견디기 때문이다.

암스테르담 시립미술관

거기서 북쪽으로 걸어서 불과 3분이면 암스테르담 국립미술관 Rijksmuseum Amsterdam에 다다른다. 붉은 벽돌의 네오고딕(Neo-Gothic) 양식이 특징이다. 시대별로 회화 작품 외 다양한 예술 관련 조각, 도자기, 유리 작품들이 선보이고 있다.

암스테르담 국립미술관

   이렇게 '미술관 단지Museum Quater' 안에 대표적인 미술관 3곳이 함께 들어서 있어 집중적인 관람이 가능하다. 미술관마다의 특화된 전시 작품에다 독특한 동선과 시설 배치도 인상적이었다. 하지만 관람객에 친절한 모습이 대부분이긴 했지만, 때로는 거친 대응 태도가 거슬리기도 했다. 코로나 시국을 거치면서 바뀐 모습일 수도 있겠다 싶다. 또 역시 사람이 문제이다. 그래도 찾아가야 하는 우리로서는 가지지 못한 안타까움이고 비애이다.

   20여 분이면 담 스퀘어Dam Square에 도착하고 여기서 동쪽으로 방향을 틀면 담 스트라트Dam Straat가 시작한다. 운하까지 오면 운하 양옆으로 다양한 형태의 홍등가의 모습이 보인다. 오전인데도 유리문 안에 요염한 복장의 미녀들이 보이기도 한다. 문은 닫혀 있지만, 성인용품점, 성인 쇼 극장도 보인다. 자동 제세동기(AED)의 팻말을 내건 가게들이 많아 업종과 관련이 있는 보안장치이겠다 상상해 보며 혼자 웃는다.

암스테르담 홍등가

도시재생의 현장과 마주하다

사실 가장 눈으로 확인하고 싶었던 장소가 NDSM(Netherlandsche Dok en Sheepsbouw Maatschappij)이다. NDSM은 네덜란드 조선·선박 수리회사였고, 암스테르담 중앙역에서 에이ĳ를 건너 북쪽으로 3 km 정도 떨어져 있다. 20세기 초에 설립이 되었고 1930~1950년대에는 전성기를 누렸다. 여기에서도 대형 선박을 진수하면 큰 축하 행사를 하면서 자부심을 가졌던 시절이 있었다. 하지만 노동집약적 산업 특성과 산업 구조적 요인으로 어려움을 견디지 못하고 1979년에 폐업하기에 이른다. 그 활용방안으로 맨해튼Mahattan 같은 대규모 업무지구로 개발하려는 계획이 만들어졌다. 이에 대해 열정적인 협동조합과 주민들이 합세해 반대하고 도시재생의 한 모습으로 시도해 보기로 하면서 오늘에 이르렀다. 그러면서 운행된 무료 페리(ferry)는 NDSM과 주변 지역 발전에 크게 이바지하였다.

암스테르담 중앙역 인근의 선착장에서 무료로 페리에 탑승한다. 불

과 10여 분 만에 NDSM에 도착한다. 도시재생 공간으로서 NDSM을 들여다보면, 대규모의 전시 공간과 작가의 창작지원 공간으로 나눌 수 있다. 안네 프랑크Anne Frank 걸개그림이 상징같이 크게 내걸린 전시 공간은 20유로(Euro)가 있어야 입장이 가능하다. 규모에 맞게 대형 작품들이 전시되고 있다.

반면에 창작지원 공간은 마치 방송국 드라마 세트장같이 큰 조립 공장 안에 작은 스튜디오들이 들어서 있는 형국이다. 방해하지 않으면 자유롭게 둘러볼 수 있다. 카페 외에는 사람이 없는 듯 조용하다. 하지만 조금 더 다가가 보면 창 너머 작업이나 업무에 열중한 모습들을 쉽게 볼 수 있다.

NDSM의 창작지원 공간 내부

또 3주마다 주말과 휴일에 열리는 유럽 최대 벼룩시장인 '에이 할렌IJ Hallen'도 이곳에서 열린다. 폐조선소이니만큼 비어 있는 야외공간이 많아서일 것이다. 우뚝 솟아 있는 타워크레인은 호텔로 이용되고 있다는데, 다가가 보아도 실감하기 어렵다. 건물 벽마다 그라피티(graffiti)가 많은데, 이날도 그 작업을 하는 젊은 작가를 만나기도 했다. NDSM 주변으로는 자연스럽게 주거와 상점들이 들어서 있어 이곳에서 생활하는 작가들 생활의 편의성도 지원하고 있다.

이곳저곳 둘러보다 맥주캔을 들고 이야기를 나누고 있는 몇몇 중년 남성들이 있어 말을 걸어 본다. 대낮임에도 약간 취한 듯한 이들은 여유롭다. 왜 이들에게서 피폐함보다 삶의 여유가 느껴졌을까. 수상가옥에 거주한다며 자연스레 대화에 응한다. 한국의 축구선수 손흥민을 잘 안다며 짧은 인사를 걸어왔고 사진도 같이 찍었다. 내가 가지고 간 한국 볼펜을 선물했더니 작은 선물에 정말 고마워했다. 물리적 시설물보다 역시 사람들에게서 느끼는 따뜻한 마음이 더 넉넉한 인상을 지운다.

반면에 데 할렌De Hallen은 과거 트램 차고지로 사용하던 건물을 재생한 사례에 해당한다. 네덜란드어 '할렌Hallen'은 홀(hall)이라는 뜻이 있다. 데 할렌은 크게 두 개의 건물로 나뉜다. 하나의 건물은 규모도 크고 다양한 각종 상점 홀을 가지고 있다. 아예 별도의 출입구를 가진 호텔 외에 푸드 홀, 영화관 홀, 북카페 홀, 스튜디오 홀, 그리고 리사이클 센터, '유 유니버시티You University' 등이 있다. '유 유니버시티'는 무엇을 하는 곳일까. 궁금해서 담당자를 찾았더니 코칭 회사란다. 미래에는 대학도 될 수 있다고 웃는다. 건물 밖으로 나오면 바로 전통시장과 만난다.

NDSM에서 그라피티 작업하는 작가들

데 할렌 외부

데 할렌 내부

또 하나는 의류, 패션 중심의 건물이다. 의류 관련 작은 판매가게와 교육 학원들이 차지하고 있다. 규모도 작고 다양하지도 않다. 그러다가 인근의 반지하 주택에서 의류공장을 확인할 수도 있었다. 이렇게 바로 전통시장과 연결되어 상권을 형성하고 있거나 주거지역, 제조공장과 연계하여 통합된 주거공동체 또는 생산공동체를 형성하고 있는 것으로 보인다. 단순히 어떤 하나의 부지에서 벌이는 재생 사업에서 끝나지 않은 듯 보여 인상적이다.

은행 개념의 스타벅스(Starbucks the Bank Concept Store)가 오픈해서 이색적이라는 소개 책자를 보고 발품을 팔았다. 유럽에서 가장 크다는 스타벅스 매장인데, 스타벅스는 세계 공통으로 자신들의 고유 브랜드 디자인을 유지한다고 알려져 있다. 그런데 렘브란트 광장Rembrandt Square 옆에 있던 1920년대 은행을 스타벅스 매장으로 변신시키면서 기존 관행을 포기하고 지역의 유산을 반영하여 디자인했다는 것이다. 은행 용도의 흔적을 곳곳에 남겨 놓았다. 지역 장인팀이 참여해 건축자재도 지역 자재를 사용하여 건축했단다. 이를 '공간 내 공간(Spaces within a Space)'이라고 이름 붙이고 있다.

최근 서울의 경동시장 내 폐극장을 리모델링하여 '스타벅스 경동 1960점'을 재탄생시켰다. 입구에는 LG의 '금성전파사'라는 편집숍까지 배치하여 협업 형태를 이루고 있는데, 이 역시도 '공간 내 공간'의 사례로 손색이 없다.

은행 개념의 스타벅스 매장 내부

스타벅스 경동1960점 내부

시티도슨트

복합개발의 상징, 이스턴 도크랜드

암스테르담 중앙역으로 다시 돌아와 동쪽에 있는 동항구the Eastern Docklands로 간다. 1980년대부터 30여 년 동안에 에이IJ 주변의 워터 프론트(waterfront)로 개발된 곳이다. 그런데 내용을 자세히 들여다보면, 정책적 시사점이 대단히 많다. 1896년부터 마련된 시의 공공토지임대제를 적극적으로 활용하여 개발되었다는 점에 눈길이 간다. 100년 훨씬 전부터 암스테르담시는 토지를 계속 매입하면서 전체의 80%를 시 정부가 소유하고 있었다. 시 정부는 여기에 토지개발사업을 펼치지만, 필지를 분양하지 않고 임대로 처분하였다. 그러면서 발생하는 이익은 사업지에 다시 투자함으로써 사업 효과를 높였다는 것이다. 또 도심에 가능한 한 주거, 일자리 등을 집중시키고 외곽 확장을 억제했다. 그러면서 산업 역사의 흔적이 담긴 장소성을 보존하고 계승했다.

그래서 항구 지역에서 흔히 많이 볼 수 있는 벽돌 창고가 예술 공간, 식당, 유리와 강철로 지은 현대적인 오피스, 주택으로 바뀌었다. 뮈지크헤보우Musiekgebouw에서는 클래식 콘서트가, 재즈 음악의 중심지인 빔하우스Bimhuis에서는 재즈 공연이 밤을 풍부하게 한다. 이어서 대형유람선을 위한 여객터미널이 들어섰다. 업무 빌딩군에는 혁신적인 분위기로 주로 창조와 ICT, 기타 서비스업의 중소기업이 많다. 또 인구 1만 8천 명이 거주하는 주택공급도 이루어졌다. 이 중에서 자가 소유는 40%에 불과하다.

뮈지크헤보우와 빔 하우스

국제여객선터미널

시티도슨트

보다 내륙 쪽으로 가장 눈에 띄는 건축물은 'NEMO 과학 박물관 Science Center NEMO'이다. 이탈리아 건축가 렌조 피아노Renzo Piano가 디자인한 이 건물은 물에서 솟아오르는 뱃머리를 닮은 곡선형 외관을 가지고 있다. 건축가 다니엘 리베스킨트Daniel Libeskind가 설계한 미국 콜로라도의 덴버미술관Denver Art Museum이 갑자기 떠오른다.

NEMO 과학 박물관

또 며칠간 머물렀던 호텔이 있던 곳도 에이독IJdok으로 알려진 최근 개발된 수변공간이다. 강 일부를 메워서 조성한 인공대지라고 할 수 있다. 여기에 독특한 디자인의 호텔, 식당, 사무실과 주거가 들어서 있다. 그런데 매립은 최소화하고 강에 여러 개의 파일을 박아 건물을 지어 올리고 다리로 연결하는 방식이다. 이처럼 강 주변의 수변공간을 개발 및 재생하는 사례가 빈번하고 일부는 지금도 공사가 활발하다.

에이독의 건물군

암스테르담을 떠나며

이제 스히폴 국제공항Amsterdam Airport Schiphol으로 넘어간다. 혹시나 해서 하루 전날에 공항으로 가는 기차표를 발매기에서 샀는데, 무용지물이 되었다. 역무원은 당일표만 유효하단다. 이용하지도 않았는데 말이 되는 이야기인가 싶다. 아무렇지 않게 내뱉는 답변이 놀라울 뿐이다.

또 공항 터미널에서는 주차장으로 넘어가는 보행통로 입구를 보고 또 한 번 놀란다. 실물과 같은 크기의 자동차가 보행통로 지붕에 올려져 있는, 세계에서 가장 독특한 주차장 보행통로이다. 실물 크기의 자동차가 실내에 자리 잡고 있다니, 여기에서도 차별적인 디자인을 요구했구나 싶다.

비행기를 기다리며 가만히 돌이켜 보니, 암스테르담은 암스테르담 콘서트헤보우 오케스트라Concertgebouw Orchestra of Amsterdam의 연주처럼 느껴졌다. 금관악기 같은 경쾌함과 카멜레온 같은 변화무쌍함이 돋보이는 도시였었다.

그리고 마지막까지 암스테르담에 사는 젊은 부부 소식을 기다렸지만 결국 빈손으로 돌아가게 되었다. 수년 전에 포르투갈 리스본의 파두(Fado) 공연장에서 신혼여행 중인 암스테르담 출신의 레즈비언 부부를 만난 적이 있다. 신혼여행을 축하한다며 음식값을 대신 내주었고, 이를 계기로 그 이후에 메일로 안부를 주고받기도 했었다. 이곳 암스테르담으로 출발하면서 메일로 연락을 취해 보았지만, 떠나는 마지막 날까지 답신을 받을 수 없었다. 코로나로 인해 무슨 일이 있었던 것은 아닌지 걱정스럽지만, '무소식이 희소식'이라는 마음으로 센야 Shenya 부부의 행복을 가만 기원해 본다.

스히폴 국제공항 터미널 내 주차장 보행통로

참고문헌

1. 민유기 외, 《세계의 지속가능 도시재생》, 국토연구원, 2018

5. 바르셀로나 Barcelona

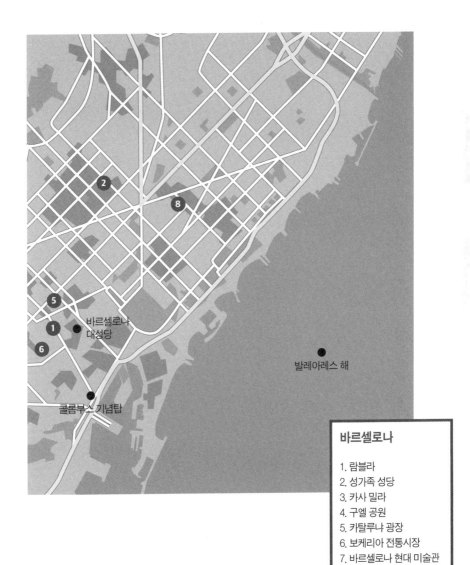

바르셀로나 대성당

발레아레스 해

콜롬부스 기념탑

바르셀로나

1. 람블라
2. 성가족 성당
3. 카사 밀라
4. 구엘 공원
5. 카탈루냐 광장
6. 보케리아 전통시장
7. 바르셀로나 현대 미술관
8. 아그바 타워

노벨문학상 수상 작가 5명의 나라, 스페인

처음으로 스페인 바르셀로나Barcelona를 밟게 된 계기는 2018년 어느 학회에서 진행하는 도시재생 답사프로그램이었다. 학회 구성원들과 바르셀로나를 포함한 스페인의 북부 도시를 답사하는 바쁜 일정이었다. 인연이 이뿐인가 하였는데 그다음 해에 참여하는 학회가 스페인에서 열리면서 그 인연이 계속되었다.

스페인에는 그 역사가 B.C. 1만5천 년경으로 추정되는 유명한 알타미라동굴the Cave of Altamira이 있다. 그만큼 오랜 역사를 가진 나라이다. 원래 이베리아반도Iberian Peninsula는 북아프리카인, 그리스인과 같은 주변의 다양한 민족이 들어와 살다가, 로마인들이 정복하여 주도권을 쥐게 된다. 로마 몰락 이후에는 서고트Visigoths족이 들어와 왕국을 세웠고 가톨릭교를 받아들여 589년에는 가톨릭을 국교로 선언한다. 하지만 8세기 이후부터는 북아프리카 토착 민족인 베르베르Berbers족의 이슬람 세력이 장악하게 된다. 이 이슬람 세력을 몰아내기 위해 지속적인 시도가 있었는데 이를 국토회복운동(Reconquista)이라고 한다. 이 국토회복운동은 콜럼버스가 미 대륙을 발견하는 해인 1492년에 결실을 보게 된다. 이베리아반도의 왕국 중 하나인 카스티야 왕국Reino de Castilla을 지배하던 이사벨Isabel 여왕이 아라곤 왕국Reino de Aragón과 힘을 합하여, 마지막 보루였던 그라나다Granada 왕국을 함락시켜 이슬람 세력을 완전히 몰아내게 되었다.

이후 1555년에 카를 5세Carlos V부터 스페인과 네덜란드 왕위를 물

려받은 합스부르크Hapsburg 왕조의 펠리페 2세Felipe II까지 융성하기도 했으나, 1588년 무적함대 대패 이후 유약한 왕이 계속 즉위하면서 쇠퇴의 길을 걷게 된다.

사실 스페인은 남한 면적의 5배에 이르고, 이베리아반도의 85%를 차지하는 큰 나라이지만, 인구 규모는 우리와 비슷한 약 5천만 명이고 소득수준도 비슷하다. 그런데 〈돈키호테Don Quijote〉의 작가 세르반테스Miguel de Cervantes Saavedra를 비롯하여 노벨문학상 수상 작가가 5명이나 된다는 것이 놀랍다. 또 다양한 인종과 적대적인 종교의 지배를 받았으면서 어떻게 다양한 문화자산들이 공존할 수 있었을까. 궁금증을 가득 안고 인천공항 출국장에 들어선다.

세르다의 바르셀로나를 찾아본다

인천공항 2터미널에는 유명 작가의 작품이 많이 전시되고 있다고 알려져 있다. 여유 있게 도착해서 감상을 시도해 본다. 김병주 작가의 작품은 공간감과 섬세함이 평소 알고 지내던 작가의 작품과 비슷해 친숙하다. 그 외 아직 익숙하지 않은 작가들의 작품이 많지만, 출국 때마다 자주 대하다 보면 친숙해지리라. 이후 출국 때마다 인천공항에서 전시 작품을 둘러보는 것은 통과의례가 되었다.

긴 시간을 날아와 바르셀로나에 도착했다. 13시간의 이코노미석은 정말 먼 거리이다. 비까지 오는 날씨라 더욱 피곤한 듯하다. 본격적인 답사에 앞서 도시 전체에 대해 공간감을 가지는 것이 무엇보다 중요하다. 그중 방위와 주요 중심지를 확인하는 일이 가장 중요하다. 그래야만 동쪽으로 가는지 서쪽으로 가는지, 그리고 내가 어디쯤 있는지 알 수 있지 않겠는가. 그 긴 시간 동안 열심히 공간 감각을 익혔다.

바르셀로나는 항구도시이다. 항구도시가 흔히 그러하듯이 구시가지는 항구를 중심으로 반원형을 형성하고 있다. 대성당(cathedral)을 중심으로 한 이 구시가지를 고딕 지구Barri Gotic라 한다. 구시가지의 서쪽 끝에 유명한 람블라La Rambla 또는 람블라스Las Ramblas라고 불리는 거리가 남북으로 뻗어 있다. 람블라 거리를 건너가면 그곳부터 라발el Raval 지구라 한다. 다시 말해 람블라 거리를 중심으로 동쪽이 고딕 지구, 서쪽이 라발 지구인 셈이다. 그리고 고딕 지구의 동북쪽과 그라시아Gracia 지구 사이에 신시가지에 해당하는 에이샴플라Eixample가 넓게 자리 잡고 있다. 신시가지라고 해서 최근 조성된 신시가지가 아니라, 1859년에 도시계획으로 조성된 신시가지이다. 거기서 동북 방향으로 더 나아가면 22@바르셀로나 도시재생 지구가 있다. 이 지구가 요즘의 신시가지 개념에 해당한다고 할 수 있다.

바르셀로나는 안토니 가우디Anthoni Gaudi의 도시로 널리 알려졌지만, 사실 그 기저에는 1859년 일데폰스 세르다Ildefons Cerda가 수립한 에이샴플라Eixample가 있다. 가우디의 유명 건축작품도 모두 에이샴플라에 자리 잡고 있다.

고딕 지구 외곽에서 동북 방향으로 들어서 있는 격자형의 에이샴플라에는 디아고날Diagonal 대로가 신시가지를 사선으로 관통한다. 그리고 격자형 내부 도로로 나누어진 하나의 블록을 만사나Manzana라고 하는데, 한 변이 113.3m인 정사각형이다. 만사나 하나의 면적은 약 1.3km² 정도가 된다. 원래 만사나에서는 건폐율은 40% 이상, 건물 높이는 5층으로 제한되었다. 가운데 정원이나 녹지, 학교 등 공공 공간을 배치하여 개방감을 느끼도록 하였다. 에이샴플라에는 이런 만사나가 모두 520개가 있다. 그런데 공공 공간이 개인 소유가 되면서 제대로 실현되지 못한 안타까운 계획이 되어 버리고 말았다.

도시구조는 시대적 상황과 정신을 반영하고 있다고들 한다. 에이샴플라의 시대정신은 무엇일까. 19세기 말 산업화로 인해 바르셀로나가 급성장하면서 과포화 도시가 되었고 페스트와 같은 질병이 창궐하는 등의 도시문제도 심각하였다. 에이샴플라는 신분에 상관없이 쾌적한 주거환경을 제공하려는 도시계획의 산물이라 할 수 있겠다.

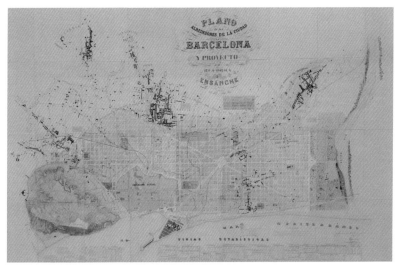

왕립 산 페르난도 미술 아카데미에 전시 중인 바르셀로나 초창기 도시계획도

우리는 첫날 디아고날 대로가 교차하는 지점 인근, 더 정확하게 이야기하면 22@바르셀로나 도시재생 지구 내에 있는 비즈니스호텔에 짐을 풀었다.

가우디를 찾아 나서다

치즈류, 과일류, 빵류와 각종 유제품이 제공되는 기대 이상의 근사한 호텔 조식을 마치고 이동한 곳이 안토니 가우디Anthoni Gaudi의 대표 건축물 성가족 성당La Sagrada familia이다. 이 성당은 처음에는 네오고딕 양식에서 시작했지만, 출발 1년 만에 가우디가 담당하고 나서는 이슬람 문화 성격을 띤 무데하르(Mudejar) 양식에다 자연주의 양식이 함께하고 있다. 가우디는 오직 고향인 레우스Reus와 바르셀로나에서만 활동했던 것으로 알려져 있다. 가우디 탄생 100주년인 2026년 완공을 목표로 하고 있어 이제 거의 완공단계이지만, 아직도 곳곳에서 공사가 진행되고 있다. 나르텍스(nartex)라고 하는 주 출입구(facade)는 '탄생의 문' 또는 '영광의 문'이라 부르는데 가장 많이 관광객으로 붐빈다. 하지만 이슬람 건축물은 물에 비친 모습까지도 건축물 일부분이라 보기 때문에 나르텍스 앞에 있는 연못의 뒤쪽에서 감상하는 것이 가장 좋다.

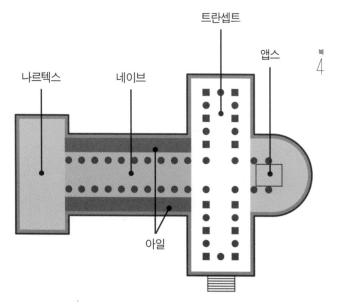

바실리카 평면도

가우디의 성가족 성당 외부

가우디의 성가족 성당 내부

익랑(transept)에 해당하는 양편 출입구도 완성이 되었고 내부 스테인드글라스도 마무리되어 환상적 모습을 드러낸다. 예수상도 자리 잡고 있어 기도를 드릴 수 있도록 공간이 마련되어 있다. 지하 일부는 박물관으로 활용되고 있었는데, 그동안의 건축역사가 간략하게 소개되어 있고, 천재 건축가 안토니 가우디Anthoni Gaudi의 묘소도 확인할 수 있다.

거기서 도보로도 가능한 거리에 가우디의 저택, 카사 바트요Casa Batllo, 카사 밀라Casa Mila 등이 있다. 이 모두가 유네스코 세계유산으로 등재되어 있다. 카사(Casa)는 집 또는 주택이라는 의미이므로, 카사 바트요는 '바트요씨 집', 카사 밀라는 '밀라씨 집'이라는 뜻이다. 물론 건축적인 차이는 있다. '바트요씨 집'은 리모델링이었고, 기존 기둥들을 활용하되 마치 뼈를 드러낸 어떤 생명체의 모습을 하고 있다. '밀라씨 집'은 공동주택으로 계획되었고, 물결 모양의 백색 선형을 담아내고 있다. 그의 상상력과 독창성이 놀랍기도 하지만, 그에게 설계를 의뢰한 건축주의 식견과 용기도 대단하다는 생각이 든다. 뼛속까지 합리성에 젖어 있는 현시대의 우리에게는 모두가 예술이다 싶다.

가우디의 까사 바트요

가우디의 까사 밀라

구엘 공원에서 건축을 공부하다

다음으로 이동한 곳이 구엘 공원Parc Guell이다. 가우디가 고급주택 가를 조성하려다 실패하고 공원으로 만들었다. 스페인 남부 안달루시 아Andalucia에서 왕성했던 무데하르(Mudejar)를 엿볼 수 있는 건축물 이다. 무데하르는 이슬람의 영향을 받아들여 형성된 스페인의 독특한 건축양식이라고 할 수 있다. 무데하르의 특징으로는 벽돌, 나무와 석 회석을 이용하였기 때문에 빠른 건축이 가능했다는 점이다. 또 수입 한 타일을 쪼개 장식하는 트렌카디스(Trencadis) 기법을 활용한 것도 특징이다. 이런 전통이 곳곳에 남아 있기에 스페인건축의 특징을 하이 브리드(hybrid) 건축이라고 할 수 있다. 자세히 보면 외부에는 빗물을 처리할 수 있도록 설계되어 있다는 것도 확인할 수 있다.

그리고 이렇게 유려하고 다양하게 건축할 수 있었던 것은 재질이 사암이고 로만 콘크리트(Roman Concrete)를 사용할 수 있었기에 가 능했다. 로만 콘크리트는 화산재, 생석회, 바닷물 등을 혼합한 당시의 신물질로 세월이 갈수록 더욱 견고해지는 특성을 가진다. 참고로 오 늘날의 시멘트를 포틀랜드 시멘트(Portland Cement)라 한다.

구엘 공원 하부 다리

트렌카디스 기법의 구엘 공원 외부

람블라 거리는 관광객의 거리

람블라La Rambla 거리는 콜럼버스 기념탑Mirador de Colom에서 시작해서 카탈루냐광장Plaza de Cataluna에 이르는 젊음과 공연의 거리이다. 원래 중세 때에는 성벽이 있었는데, 성벽을 헐어내고 1766년에 거리로 조성하였다. 이 거리의 가운데를 큰 보도로 만들어 놓았기 때문에 보도 곳곳에서 공연이 이루어지고 초상화가, 기념품 판매점도 자리를 잡고 있다. 바닥에 바르셀로나 출신의 화가 호안 미로Joan Miro의 모자이크도 있다. 호안 미로는 피카소 못지않은 국민화가로 대접받고 있다. 호안 미로가 말년에 작품활동을 했던 스페인에서 가장 큰 섬 마요르카Mallorca에 가면 섬 전체가 거의 호안 미로로 도배되었다고 해도 과언이 아니다.

람블라 거리

수도원을 개조했다는 보케리아 전통시장Mercado de Boqueria에서는 각종 먹거리에다 맥주 한 잔을 기울이는 청춘들이 넘친다. 유럽 도시

를 여행하다 보면 전통시장이 음식백화점 형태의 먹거리 장터로 꾸며
져 관광객을 반기는 것을 쉽게 볼 수 있다. 관광객들에게 그 나라나
도시의 전통음식을 맛볼 수 있는 흥미로운 공간임이 틀림없다.

람블라 거리의 보케리아 전통시장

다시 고딕 지구Barri Gotic로 돌아와 가우디가 설계한 가로등, 콜럼버
스가 신대륙을 발견한 후 이사벨 여왕을 알현했다는 왕의 광장, 대성
당도 둘러본다. 그리고 짧게나마 주어진 자유시간을 활용해서 라발el
Raval 지구에 있는 바르셀로나 현대미술관 MACBA(Museu d'art
Contemporarni de Barcelona)을 찾아갔다. 이 미술관은 미국 건축가
리처드 마이어Richard Meier가 설계했다. 그는 네오 르 코르비지안Neo Le
Corbusiean에 속하는 '뉴욕 파이브Newyork Five'의 한 사람으로, 수평 창,
자유 입면 등을 모델로 삼고 있다. 미국 로스앤젤레스의 게티 센터

Getty Center를 설계한 건축가로 더 잘 알려져 있다. 게티 센터에 갔을 때 '백색 건축의 대가'답게 조화로운 흰색의 건축언어를 보여 주고 있었다. 부속건물 정도로 생각했던 센터 내에 있는 미술관의 풍부한 전시 내용에 또 한 번 놀랐었다. 이 백색의 바르셀로나 현대미술관도 전체가 직선과 곡선의 조화를 추구하고 있고 주변의 고풍스러운 분위기와 묘한 조화를 이루는 듯하다. 전면부의 광장에는 젊은이들이 모여들어 여유로움을 즐기고 있어 인상적이다. 짧은 시간의 여유라 입장하지 못하고 발길을 돌릴 수밖에 없었던 것은 두고두고 아쉬움으로 남는다.

가우디가 설계한 가로등

시티도슨트

바르셀로나 현대 미술관

도시재생의 상징, 22@바르셀로나 도시재생 지구

그리고 22@바르셀로나22@Barcelona 도시재생 지구를 찾아 나선다. '22@'는 유럽연합(EU) 도시계획의 공업전용지역 코드인 '22a'에서 유래한다고 한다. 에이샴발라의 동쪽 지역은 '카탈루냐의 맨체스터'라 불릴 정도로 방직산업 등 제조업이 밀집한 지역이었지만, 산업이 침체하면서 낙후된 지역으로 방치되고 있었다. 2001년부터 이곳에 재생 프로젝트를 추진하여 지식 기반 산업을 중심으로 하는 주거, 업무, 교육, 산업 인프라를 구축하여 미래 도시구조로 만들고자 하였다. 이 지역을 '22@바르셀로나 도시재생 지구'라고 한다.

22@바르셀로나 도시재생 지구 조성을 위한 프로젝트 계획은 오염 없는 생산 활동과 주거 공간을 공존하게 하여 지식기반 산업의 신도시공간을 창조하고자 하였다. 그래서 고급 주거단지도 조성하고 IT 관련 산업 건물도 많이 들어섰다. 물리적 시설 공급 외에 신규 일자리 창출을 핵심으로 꼽았고, 분야별로 '문화'가 필수요소로 적용되고 있다는 점이 가장 주목받고 있는 특징이라 할 수 있다. 토템을 닮은 듯 새로운 랜드 마크로 등장한 장 누벨Jean Nouvel의 35층짜리 아그바 타워

22@바르셀로나 도시재생 지구 내 근린상가

Agbar Tower를 볼 수 있는 곳도 여기이다. 이 건물은 초기 건축 과정에서 가우디의 도시, 바르셀로나에 부합하는 건축미를 가졌는가로 논란이 많았다. 전통과 혁신의 공존과 조화는 어디까지, 어떤 모습이어야 할까.

장 누벨 설계의 아그바 타워

아쉬움은 마드리드에서

여전히 국제 외신 단면에서는 카탈루냐Cataluna 지역에서의 정치적 소요에 대한 소식이 많지만, 있는 동안 현지에서는 그런 분위기를 전혀 느낄 수 없었다. 게다가 스페인을 무적함대를 이끌고 중남미를 무자비하게 정복해 나갔던 호전적인 국가로만 생각했었지만, 첫날부터 그런 고정관념을 완전히 버렸다. 변화에 개방적이면서도 자기들만의 독창성으로 새로운 계획을 만들어 가는 모습을 목격했기 때문이다.

이제 문화예술의 도시 마드리드Madrid가 기다리고 있다. 나에게 마드리드는 프라도 미술관Museo del Prado, 〈게르니카Guernica〉의 레이나 소피아 미술관Museo Nacional Centro de Arte Reina Sofia 도시이다. 예정된 답사의 일정에 이 두 곳을 들르거나 감상할 수 있어 바르셀로나를 편안하게 떠날 수 있을 것 같다.

참고문헌

1. 한국도시설계학회, 〈Spain·Porto〉, 2018. 1. 26.~2018. 2. 4.
2. 한광야, 《도시의 진화체계》, 커뮤니케이션북스, 2018
3. 송하엽, 《랜드마크; 도시들 경쟁하다》, 효형출판, 2017

6. 피렌체 Firenze

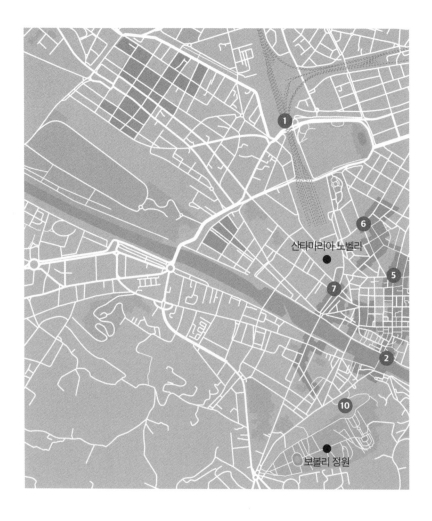

산타마리아 노벨라

보볼리 정원

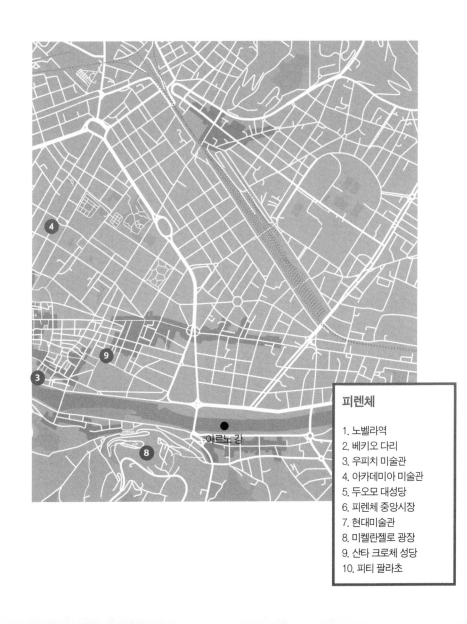

아르노 강

르네상스에 들어서다

르네상스(Renaissance)는 중세 이후 유럽에서 일어난 거대한 문화 운동이다. 이 거대한 운동의 시발점이 왜 피렌체Firenze였을까. 그 이유를 단순히 이 도시의 경제력만으로 설명하려는 경제결정론에서 찾기도 한다. 또 실질적으로 피렌체를 지배하면서 예술을 후원한 메디치Medici 가문의 역할에 의존하기도 한다.

그 유명한 《문학과 예술의 사회사》 저자이자, 마르크스주의 예술사학자 아르놀트 하우저Arnold Hauser는 '르네상스는 예술의 자율성, 과학화, 전문성과 인문주의 등의 복합적인 요소를 배경으로 등장했다'고 주장한다. 르네상스의 특색은 학문과 예술의 결합이다. 그래서 르네상스의 출발은 인문주의라고 불리는 지적 운동 형태로 나타난다고 본다. 인문주의가 형성되는 전제 조건은 부유 상인과 같은 광범위한 유산계급이 존재했기 때문이다. 또 르네상스에서 예술의 자율성은 절대적, 보편적 자율성이 아닐지라도 종교로 대표되는 형이상학으로부터는 독립한다. 하기야 수백 년이 지난 지금도 예술의 절대적 자율성을 담보할 수 없는 것은 매 마찬가지 아니던가. 더불어 15세기에는 처음으로 수학, 기하학 등 과학적 훈련을 받았고, 예술가의 여러 기술 습득은 조형예술이 지닌 기술적·수공업적 성격과 관련이 있다는 것이다. 이런 요소들이 복합적으로 작용하여 피렌체에서 꽃을 피웠다고 할 수 있다.

이를 더 확대해 보면 위대한 예술의 궁극적 의미는 카타르시스인

아르노강과 베키오 다리

데, 카타르시스는 윤리적이지 사회적인 것은 아니라는 주장이 가능하다. 이런 이유로 예술적 자율성에 대해 변호한 헝가리 미학자 게오르크 루카치György Lukács가 브레히트Bertolt Brecht와의 미학 논쟁에서 했던 주장에 더 귀가 기울여진다. 이렇게 생각에 생각이 꼬리를 물고 있을 때 피렌체에 도착한다.

로마 테르미니역Termini Station에서 출발한 고속철도는 1시간 반 만에 피렌체 노벨라역Santa Maria Novella St.에 도착한다. '이제 르네상스에 들어섰구나' 하는 벅찬 탄성이 터져 나온다. 책으로, 그림으로 만나면서 그동안 얼마나 직접 상봉을 원했던 곳인가. 피렌체를 가로지르는 아르노Arno 강가의 숙소에 짐을 푼다. 귀한 보석함을 열듯 조심스러운 발걸음으로 베키오 다리Ponte Vecchio를 찾는다. 원래 로마 시대에는 목제 다리였다고 알려졌지만, 지금 있는 것은 1300년대에 설치된 석재 아치교이다. 눈대중으로 대략 길이 100m, 폭 20m에 불과한 조그만 다리이지만, 1982년에 세계유산으로 지정되었다.

다리의 양편으로 각종 공예, 귀금속 가게들이 나란히 들어서 있고 가게들이 없는 일부 구간에서는 심심찮게 거리공연도 벌어진다. 다리를 건너가면 베키오 궁전Palazzo Vecchio 앞 시뇨리아 광장Piazza della Signoria 에 이른다. 광장은 노천카페와 버스킹(busking)이 차지했지만 그다지 소란스럽지는 않다. 베키오 궁전 앞 로지아 란치Loggia dei Lanzi에는 사진 으로만 보아 왔던 복제 조각품들로 가득하다. 로지아(loggia)는 1면 이 상이 벽이 없어 개방된 방이나 홀을 의미한다.

시뇨리아 광장

피렌체의 숨은 설계자 카이사르

피렌체의 등장을 어디에서부터 찾을 수 있을까. 피렌체를 도시로 탄생시킨 사람은 율리우스 카이사르Julius Caesar이다. 그는 기원전 1세기경 로마 영토 곳곳에 주로 은퇴한 군인들이 정착할 수 있도록 터전을 마련해 주기 위해 도시를 건설했는데, 그중 하나가 피렌체이다. 요즘의 기준으로 하면 마을 내에 신도시를 조성하였던 것이다. 신도시를 건설하기 이전에도 외곽에는 경작지가 이미 격자형 체계로 구획되어 있었다. 그런데 새로이 도시를 건설할 때 외곽 경작지와 약간의 부조화가 발생한다. 외곽 경작지는 아르노강River Arno과 같은 방향으로 형성되었지만, 정방형의 도시는 30도 틀어진 형태로 건설되었다. 사진 자료를 보면 확연하게 알 수 있다.

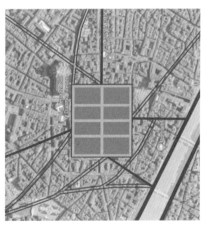

기원전 1세기경 피렌체가 처음 건설되었을 때 공간구조

도시는 정방형의 성벽, 네 개의 성문, 중앙광장과 동서, 남북 방향의 중심도로를 갖추었다. 도시 내부에서는 중심도로가 만나는 지점에 포럼(Forum)이라는 광장이 설치되었고 그 주변으로 도무스(Domus)가 자리 잡고 있었다. 도무스는 로마 시대의 주택 전형이라고 할 수 있다. 초기 규모는 390㎡ 정도이지만, 로마 시대 후기로 갈수록 조금씩 더 커진다. 도무스의 가운데나 도무스 주택군의 중앙에 작은 정원과 같은 중정(Corte)이 자리하는 경우가 많았다.

로마 시대 후기가 되면 도무스는 도로를 따라 저층이 상업 공간으로 되는데, 이 상업 공간을 타베르나(Taberna)라 한다. 더 나아가 인슐라(Insula)로 진화한다. 인슐라는 1층은 상업 공간이고 그 상층부는 주거 공간 역할을 하는 오늘날의 주상복합 건물이자 공동주택이라고 할 수 있다. 로마Rome나 폼페이Pompei에서도 많이 목격하게 된다.

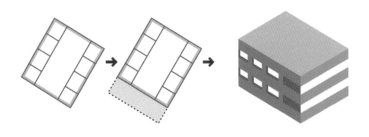

도무스가 타베르나, 인슐라로 변화하는 모습

피렌체는 로마제국 멸망 후에는 정체되었다가 신성로마제국이 이곳을 통치한 8세기 후반부터 다시 활발해졌다. 그리고 1052년 토스카나Toscana의 수도를 이곳으로 옮겨 오면서 중심이 되었다. 하지만 황제

시티도슨트

탑, 탑상 주택과 팔라초

와 교황과의 갈등이 본격화되면서 피렌체도 정치적 투쟁에 들어서게 된다. 1115년 이후에는 코무네(Commune) 즉, 자치도시가 되면서 길드(Guild)가 중심 세력으로 등장하게 된다.

이때 귀족들의 탑과 탑상 주택(Casa Torre)이 일반화되는데, 탑상 주택을 연속적으로 지어 방어의 효과를 높였다. 탑상 주택은 르네상스 시대의 부유층을 위한 팔라초(Palazzo)가 정착될 때까지 중요 주거유형의 지위를 차지한다. 팔라초는 궁전으로 해석되기도 하지만 귀족이나 부유층의 호화주택을 의미한다.

팔라초는 피렌체와는 떼려야 뗄 수는 없는 주택 개념이다. 14세기 후반부터 상류층의 팔라초가 지어진다. 이들은 규모가 커서 시의 외곽에 들어설 수밖에 없었다. 당대의 팔라초는 몇 가지 건축적인 특징을 가지는데, 첫째 비례 입면이다. 중앙 주입구를 중심으로 대칭을 이룬다. 둘째, 처마돌림띠(cornice)이다. 처마를 육중하게 장식하고 아치형 창문 등으로 멋을 낸다. 셋째 벽기둥(pilaster)이다. 벽기둥은 실제는 벽 일부이지만 마치 기둥처럼 보이게 하는 기법이다. 넷째는 로마 도무스에 근원을 둔 중정이며, 마지막은 거친 돌 쌓기 기법(rustication)이 특징이다. 러스티케이션(rustication)이란 1층은 거칠게 표면을 정리하고 2, 3층으로 갈수록 매끄럽게 정리해서 안정감을 가지도록 하는 특징을 가진다. 나중에는 저층부 벽면을 회반죽으로 마감하고 그 위에 프레스코(presco) 또는 그라피토(graffito) 장식을 적용하기도 한다. 물론 변형된 형태가 존재하기도 한다.

1289년 농노제 폐지되면서 도시로의 이주가 극에 달한다. 도시도 커지고 인구가 늘어나면서 새롭게 성벽도 쌓고 성당도 건설된다. 이때 그 유명한 산타 크로체 바실리카Basilica di Santa Croce도 건설된다.

우피치 미술관에서 감동에 젖는다

구름 사이로 쏟아지는 햇살 속에 호텔 루프톱에서의 아침 식사가 환상적이다. 그리고는 우피치 미술관Galleria degli Uffizi 투어에 나섰다. 베키오 궁전Palazzo Vecchio과 로지아 란치Loggia dei lanzi 사이를 지나면 우피치 미술관이 등장한다. 사전에 약속한 도슨트(docent)의 폭넓은 식견과 유려한 안내는 많은 도움이 되었다.

르네상스 초창기를 연 조토Giotto의 이콘화(icon painting)에서 이미 입체적인 느낌이 살아나고 있다. 르네상스 미술의 2세대에 해당하는 리피Lippi에 들어서면 템페라(tempera)가 훨씬 섬세해졌다. 우첼로

Uccello의 〈산마리노전투〉는 최초의 전쟁화라고 할 수 있으며, 역시 오늘날과 견주어도 모자람이 없지만, 원근법이 아직은 부족하다고 할 수 있다.

시대를 넘어서는 보티첼리Sandro Botticelli의 〈비너스의 탄생〉, 〈라 프리마베라〉에서 더 큰 감동이 다가온다. 사진으로야 잘 알고 있었지만, 원화에서 느껴지는 진한 감동은 기대 이상이다.

산드로 보첼리, 〈비너스의 탄생〉

미술관의 복도에서는 많은 역사의 뒷이야기를 담고 있는 바사리 통로Corrido Vassariano를 내려다볼 수 있다. 바사리 통로는 메디치Medici가의 코시모 1세Cosimo I de Medici의 명을 받아 건축가 조르조 바사리Giorgio Vasari가 설계하였는데, 피티 팔라초Pitti Palazzo에서 베키오 궁전Palazzo Vecchio까지 이르는 약 1km의 통로이다.

바사리 통로

　이어 레오나르도 다빈치Leonardo da Vinci의 회화 몇 점도 보고 산치오 라파엘로Sanzio Raffaello에서 멈춘다. 유독 '성모자'를 많이 그린 화가이기도 하지만, 그의 〈성모자Madonna del Cadellino〉에서는 완성의 느낌이 든다. 복제품이라 더 유명해진 〈라오콘군상Gruppo del Laocoonte〉을 지나면 매너리즘(mannerism)이 등장한다. 매너리즘 미술에서는 경직된 자세에서 벗어나 다양한 포즈가 등장하고 예수의 그림에 영수증도 등장한다. 상상도 못 할 일이 벌어지는 것이 매너리즘이다. 미술사 매너리즘에서 자주 등장하는 파르미자니노Parmigianino의 〈목이 긴 성모Madonna dal Collo Lungo〉도 여기에서 본다. 사실주의 카라바지오Caravaggio의 여러 작품을 확인하고 바로크, 로코코까지 이어져 티치아노Tiziano의 〈우르비노의 비너스Venere di Urbino〉, 렘브란트Rembrandt 그림까지 확인할 수 있다.

지친 다리를 이끌고 숙소로 돌아왔지만, 다시 전열을 가다듬고 이미 예약된 아카데미아미술관Galleria dell Academia으로 향한다. 미켈란젤로Michelangelo의 〈다비드David상〉, 그리고 그의 매너리즘 계열의 〈피에타Pieta〉의 감동만으로도 귀한 시간이었다. 높이가 4m에 달하는 거대 조각상에서 핏줄까지 두드러져 보이는 섬세함에 마음속 깊은 감동이 밀려온다. 이 작품을 미켈란젤로 26세에 완성했다고 하니 그의 천재성에 경외감이 느껴진다.

저녁 식사를 하러 길을 나섰다. 이때 처음으로 두오모 대성당Cattedrale di Santa Maria del Fiore과 조토의 종탑 Campanile di Giotto 그리고 산 조반니 세례당Battistero di San Giovanni과 마주치게 되었는데, 완전히 넋을 잃었다. 이미 섬세함과 예술적 설계, 미적 감각이야 글로 읽어 알고는 있었지만, 눈으로 확인하는 순간의 그 감동을 잊지 못할 것이다.

미켈란젤로, 〈다비드상〉

두오모 대성당

시티도슨트

저녁 식사는 중앙시장San Lorenzo Market에서 하기로 정했다. 스테이크와 해산물을 싼 가격에 넉넉하게 즐길 수 있는 곳이다. 구조는 푸드코트 형식인데, 와인도 팔고 숯불 치킨도 파는 음식 천국이다. 다음 날 다시 찾아갔을 때 한편에서 요리강좌가 이루어지는 것도 목격할 수 있었다. 우리의 전통시장 재생에서 생각해 볼 수 있는 프로그램일 수 있겠다 싶다. 쇠락한 전통시장 내 공간을 스튜디오로 바꾸어 요리강좌를 하면서 이를 유튜브로 방송하는 것이다. 그 일부는 다양한 아이디어를 가진 청년들에게 방송 스튜디오로 제공해도 좋겠다. 오늘 식사에서 곁들인 레드 와인은 코르비나Corvina 품종의 매시masi인데, 역시 가볍고 달콤하다.

중앙시장의 요리강좌

안티노리 와이너리 투어

이탈리아 하면 단연코 와인이다. 산지오베제Sangiovese, 네비올로

Nebbiolo, 몬테풀치아노Montepulciano, 코르비나Corvina 등 포도 품종이 다양할 뿐 아니라, 키안티Chianti, 바를로Barolo 등 유명 와인 산지도 많다. 오늘 와이너리 투어가 있는 날이다. 나와 같은 와인 애호가들에게는 환상적인 일정이다. 목적지는 택시로 30분 거리에 있는 안티노리 와이너리 Antinori Winery이다. 솔라이아Solaia, 티나넬로Tignanello 와인의 끼안티 클라시코Chianti Classico로 유명한 와이너리이다. 끼안티 클라시코는 산지오베제Sangiovese 품종을 80% 이상을 사용해야 하고, 검은 수탉(black rooster) 문양의 라벨이 함께하는 이탈리아의 대표적인 와인이다.

그런데 도착하자마자 그 규모에 놀라고 와이너리 건축물의 아름다움에 다시 한 번 놀란다. 특정 건축가에 의존하지 않고 히데아 엔지니어링Hydea Engineering과 안티노리 가문의 협업으로 완성하였다는 설명에 자부심이 묻어난다. 이 와이너리에는 가문의 전통이 깃들어 있는 듯하다. 테라코타Terracotta, 룽가르노Lungarno 목재와 같은 지역자원을 적극적으로 사용하였다는 설명에 관심이 간다. 경사 지형을 이용하고 중앙부에 뱀 형태의 계단, 개방감을 느끼는 유리 소재 활용이 특징이다.

생산공정 답사에 이어 시음의 기회가 주어졌다. 블렌딩 와인인 티냐넬로Tinanello가 가장 취향에 맞다. 100% 산지오베제Sangiovese는 풍부한 과일 향에도 불구하고 입안에서 타닌 감만 강하게 느껴질 뿐이다. 그리곤 야외 식당으로 자리를 옮겼다. 더위를 식히기 위해 미스트가 뿌려지고 있고 포도 재배지 곁에 마련되어 있어 운치가 더한다. 양고기, 치즈가 와인과 함께 제공되었다. 작은 칸티나(cantina)에서 음미하는 수준의 와인 시음과는 격이 다른 규모와 정성에 놀라고 마음껏 호사를 누린다.

안티노리 와이너리

피렌체의 진수, 산타 크로체 성당

답사 일행과 헤어져 저렴한 서민용 민박으로 옮겼다. 옮긴 숙소가 전통적인 건축물의 민박이었는데 불편하기 이를 데 없다. 침대에 누우면 지붕이 그대로 보이고, 모두 4개의 열쇠 꾸러미를 들고 다니면서 풀고 잠그기를 반복해야 했다. 내 방에 들어와서도, 공동화장실에 들어가서도 열쇠로 문을 잠가야만 했다. 그나마 역에서 가깝다는 것이 유일한 장점이다.

마음을 가다듬고 편안한 마음으로 시내 구경에 나섰다. 그랬더니 어제 그냥 지나쳤던 산타 마리아 노벨라 성당Basilica di Santa Maria Novella의 건너편에 현대미술관Museo Novecento이 있다는 것을 발견했다. 과연 르네상스 한복판에서 보는 현대 미술은 어떨까 궁금해졌다. 오후 8시까지 개방된다니 성큼 들어섰다. 짧은 시간이었지만 그냥 지나쳤으면 아쉬웠을 작품들이다. 작품들 속에는, 얼마 전 서울 전시회에서 좋은 기억이 있던 모란디Morndi 작품이 있어 즐겁다. 이날 처음으로 접하게 된 마리오 시로니Mario Sironi의 거친 붓 터치도 눈길과 마음을 함께 지배한다.

다음 날 간단한 조식 후 미켈란젤로 광장Piazzale Michelangelo에 올랐더니 피렌체 시내의 전경이 한눈에 들어온다. 밤새 내린 비는 최고의 전망을 연출한다. 천천히 걸어 내려오면서 성벽을 살펴볼 기회를 얻는다.

피렌체에 남아 있는 성벽

자연스럽게 산타 크로체 성당Basilica di Santa Croce에 들르게 되었다. 성당은 피렌체 4곳의 중심 교회 중 하나이다. 인구 유입이 활발해지면서 도시의 외연적 확장이 이루어졌기 때문에 성당이 도시 중심이 되었다. 이 성당에는 미켈란젤로Michelangelo, 갈릴레이Galileo, 마키아벨리Machiavelli 등의 무덤이 있다. 천재들이 영면하고 있는 현실 속의 천국이라 할 수 있다. 옷차림을 점검할 정도로 엄숙하다. 그리고 단테의 기념비가 성당 정문을 지키고 있다. 하지만 그의 무덤은 여기에 있지 않다.

성당의 오른편에는 클로이스터(cloisters)가 있다. 클로이스터는 교회나 수도원에 있는 지붕이 덮인 통로에 둘러싸인 4각형의 공간을 말한다. 주로 사제들이 산책하거나 사색을 할 때 이용하는 공간이다. 클로이스터를 전면광장으로 활용하여 브루넬레스키Brunelleschi가 설계한 소박한 파치 채플Pazzi Chapel이 있다. 파치Pazzi 가문은 메디치 가문의 전횡을 시샘하여 교황과 모의하여 로렌초 메디치Lorenzo de Medici와 그의 동생 줄리아노 메디치Giuliano de Medici를 죽이고자 모의했으나, 동생만 살해한 '파치의 습격'으로 유명하다. 이 파치 가문의 예배당인데, 필라스터(pilaster)로 잘 단장된 르네상스 스타일 전형이다. 하느님 앞에 이렇게 겸손하면서 정치권력 싸움에서는 살인을 저지를 정도로 무자비했던 이중성을 생각하면 실소를 금할 수 없다. 덴마크 철학자 쇠렌 키르케고르Søren Aabye Kierkegaard는 '죽음에 이르는 병'이 절망이라고 했고 절망은 기독교 신앙을 가지지 못한 상태를 의미한다고 했다. 하지만 절망을 통해 신과 소통할 수 있는 계기가 된다고 보았기에 역설적으로 축복이라고도 했다. 그렇다면 '파치 일가'는 신의 구원을 받을 수 있었을까.

채플 안에는 1960년대에 홍수로 유실되었던 치바부에Cimabue의 십

산타 크로체 성당 외부

산타 크로체 성당 내부

자가 배너가 복원되어 전시되고 있다. 예수가 인간적 모습으로 십자가에 매달려 고통스럽게 몸을 뒤트는 사실적 형상을 담고 있는데 그 의의가 크다고 설명하고 있다. 성당은 가죽 공방과도 연결되어 있어, 가죽 공예품의 제조 과정과 전시된 제품들을 둘러볼 수 있다. 사실 구찌의 창업자도 피렌체에서 태어났다. 그만큼 피렌체는 가죽 수공예가 활발했고 13세기 가죽 장인 길드가 가장 많이 생겨난 도시이기도 하다.

산타 크로체 성당의 클로이스터

성당 가죽 공방

다시 피티 팔라초Pitti Palazzo로 향한다. 브루넬레스키Filippo Brunelleschi 가 설계한 피티 가문의 저택을 공공이 사들여 공원으로 조성한 곳으로, 보볼리 정원Giardino di Boboli이라고도 한다. 이 저택의 외벽은 거칠게 가다듬은 러스티케이션이 선명하고 입구는 비례 입면으로 대칭을 이루고 있고 코니스도 확연하게 드러난다. 팔라초의 전형을 보는 것 같다.

정원에서 본 팔라초

피렌체를 떠나야 할 시간

이제 피렌체를 떠나 베네치아로 갈 시간이다. 과연 물의 도시라는 것이 어떻게 생겼는지, 베네치아 화파의 작품을 즐길 수 있게 되는지, 또 구겐하임 미술관 베네치아 분관도 궁금하다.

잠시 이탈리아 도시여행을 돌이켜 보았더니, 먼저 로마에서는 엄청난 유적에도 불구하고 명예를 느낄 수 없었다. 과거의 유산을 가지고

시티도슨트

거들먹거리는 쇠락한 기업의 망나니 아들 녀석 같은 느낌이랄까. 그런데 피렌체에서는 자부심과 장인정신이 느껴졌다. 도시 전체에 이야기가 있고 문화와 예술이 있다. 아울렛(outlet), 명품거리도 자리 잡고 있어 쇼핑하기 좋아하는 관광객들은 불편함이 없었다. 하지만 역시 쇼핑과 먹거리를 찾아다니는 관광객들도 자연스럽게 피렌체 역사와 문화, 예술에 젖어 들게 한다. 이것이 피렌체의 매력이다 싶다. 아리베데르치Arrivederci 피렌체!

참고문헌

1. 손세관, 《피렌체-시민정신이 세운 르네상스의 성채》, 열화당, 2007
2. 김영숙, 《피렌체 예술 산책》, 아트북스, 2017
3. 김선경·이정민, "르네상스 시대 팔라초(Palazzo)의 공간 구성특성에 관한 연구", 한국공간디자인학회 논문집 9권4호(통권 30호), 2014
4. 아르놀트 하우저, 백낙청 역, 《문학과 예술의 사회사》, 창비, 2017

7. 도쿄 Tokyo

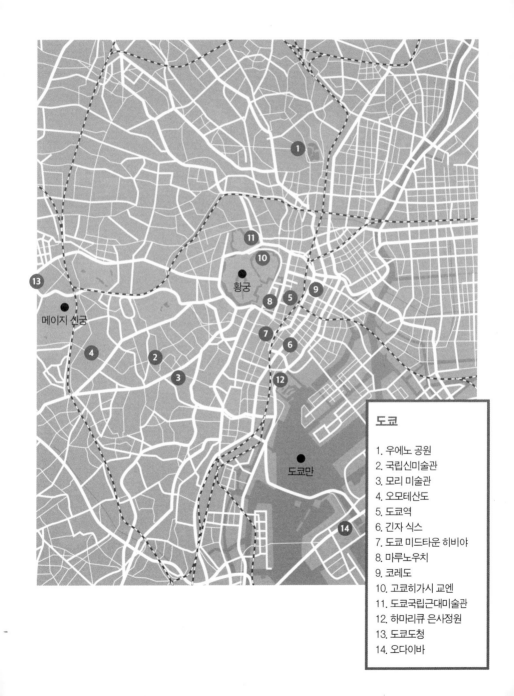

도쿄

1. 우에노 공원
2. 국립신미술관
3. 모리 미술관
4. 오모테산도
5. 도쿄역
6. 긴자 식스
7. 도쿄 미드타운 히비야
8. 마루노우치
9. 코레도
10. 고쿄히가시 교엔
11. 도쿄국립근대미술관
12. 하마리큐 은사정원
13. 도쿄도청
14. 오다이바

근대화의 상징 도시, 도쿄

본격적인 도쿄의 역사는 400년 이상으로 거슬러 올라간다. 1603년에 쇼군(將軍) 도쿠가와 이에야스德川家康가 승리하면서 교토京都를 버리고 에도江戸로 본거지를 옮긴다. 본격 에도江戸시대가 열리게 되었다. 에도는 도쿄의 옛 이름이다. 그는 정치적 안정을 도모하기 위해 무사를 지배 계급화하고 이를 통해 농민을 지배하도록 하였다. 또 바쿠후(幕府)는 지방의 영주, 다이묘(大名)들에게 영지를 나누어 주고 산킨코타이(參勤交代) 제도를 운용하여 다이묘들이 매년 일정 기간을 에도江戸에 머물도록 명령하였다. 일본 전역에 있는 다이묘들은 에도와 자기 영지를 번갈아 가며 생활해야 했고, 다이묘의 처와 자녀들은 에도의 저택에서 볼모 생활을 해야 했다. 덕분에 에도는 크게 번성하면서 일본 정치·문화의 중심지가 되었고 인구 100만 명 이상의 대도시로 변모했다.

그런데 1867년에 일본 역사에서 획기적인 일이 벌어진다. 마지막 쇼군 도쿠가와 요시노부德川慶喜는 천황에게 정권을 반납하고 천황제를 부활시킨 것이다. 다음 해인 1868년에 에도는 도쿄로 개칭되었고 메이지 천황은 개혁을 단행하며 근대화에 들어서게 된다. 1885년에 내각제도를 만들면서 이토 히로부미伊藤博文가 초대 수상에 취임하였고 1889년에는 메이지 헌법이 발포되면서 근대 국가의 체제가 확립되었다고 할 수 있다.

그런데 일제의 근대화와 조선의 근대화와의 시간적 간극이 그다지

크지 않다. 일제가 강화도를 무력으로 침탈했던 운요호雲揚號사건을 일으킨 것이 1875년이고, 조선의 자주독립과 근대화를 도모하려고 일으킨 갑신정변도 1884년, 근대적 개혁운동인 갑오개혁이 일어난 시기도 1894년의 일이다. 일제가 불과 10년, 20년 앞서 근대화의 길에 들어섰을 뿐이다. 결국 급변하는 시기에 여하히 잘 대처하느냐 여부에 따라서 각각 36년 동안 지배국가와 압제에 시달리는 피지배 국가로 남게 되었다고 할 수 있다.

산업화 이후 도쿄는 서울보다 10~20년 앞서 달리며 배울 만한 본보기가 되어 왔다. 하지만 이제는 한국과 일본의 1인당 국내총생산(GDP)이 모두 3만 달러를 넘어섰고, 앞서거니 뒤서거니 무한경쟁에 돌입했다. 그렇다면 친일 또는 반일의 이분적 프레임에서 벗어나 취장보단(取長補短)할 수 있도록 이들의 민낯과 감춰진 경쟁력을 확인하는 것이 필요한 시점이다 싶다. 그 단초를 찾기를 기원하며 이웃한 경쟁 도시, 도쿄에서 길을 나선다.

우에노 공원 인근에 숙소를 정하다

서울에 인천국제공항과 김포국제공항이 있듯이, 도쿄에 진입하는 방법은 나리타成田 공항을 이용하는 방법과 하네다羽田 공항을 이용하는 방법이 있다. 하네다 공항이 우리의 김포국제공항이라고 보면 된다. 만약 숙소를 도심에 잡았고 주요 목적지가 도심 내에 있다면, 하네다 공항을 도착지로 선택하는 것이 유리하다. 이용객이 적어 덜 붐비고 급행 모노레일을 이용하면 도심 하마마쓰초浜松町역까지 20분 이내에 도착할 수 있기 때문이다.

이번에는 우에노上野 공원 인근에 숙소를 정했다. 우에노 공원은 나리타成田 공항까지 고속철도의 시발점이자 종착점이고, 우리 서울의 2호선에 해당하는 야마노테센山水線을 통해 도쿄 주요 지점으로의 접근이 쉬운 이점이 있다. 게다가 공원에는 미술관과 같은 문화시설이 많아 수시로 관람할 수 있는 것이 큰 매력이다; 국립박물관, 국립서양미술관, 도쿄도 미술관, 도쿄예술대학 미술관 등. 그리고 뜬금없이 우에노 동물원도 있다. 그러나 이는 낯선 현상은 아니다. 독일 프랑크푸르트, 함부르크 등에서도 큰 미술관이 있는 곳에 동물원도 함께 있으니 말이다.

원래 우에노 지역에는 음양오행설에 따라 절이 있었는데, 나중에 공원으로 바뀌었다. 만국박람회에 참가하기 위한 예행연습으로 우에노 공원에서 국내 박람회를 개최하였고, 그 이후 박물관 같은 문화시설이 들어서게 되었다.

짐을 풀고 가벼운 마음으로 우에노 공원으로 산책하러 나간다. 공원 입구가 여러 곳이지만, 시노바즈 연못不忍池 방향에서 접어들면 가장 먼저 왕인 박사 기념비를 만날 수 있다. 기념비는 비록 공원의 외딴곳에 자리 잡고 있고, 찾는 사람도 거의 없지만 마음의 한구석이 뿌듯하다. 그리곤 로댕의 〈지옥의 문〉, 〈칼레의 시민〉이 딱 버티고 있는 국립서양미술관國立西壤美術館을 만난다. 본관 건물은 프랑스 모더니즘 건축의 거장 르 코르뷔지에Le Corbusier가 설계했다. 도쿄국립서양미술관, 프랑스 롱샹성당 등 전 세계 7개국에 있는 르 코르뷔지에의 설계 건물 17건이 모두 2016년에 유네스코 세계유산에 등재되었다.

시티도슨트

왕인 박사 기념비

국립서양미술관 본관

르 코르뷔지에가 설계한 세계 최초 공동주택 유니테 다비타시옹

　르 코르뷔지에Le Corbusier의 설계 특징은 1층은 자유롭게 이용할 수 있도록 필로티(piloti) 형태를 띠고 있다는 점이다. 그리고 길고 낮은 띠 유리창을 갖고 있으며, 자유로운 입면(facade)을 사용하고 있다. 수년 전에 프랑스 마르세유Marseille에서 만났던 '유니테 다비타시옹 Unite d'Habitation'이 떠오른다. 1947~1952년에 르 코르뷔지에가 설계한 세계 최초의 공동주택이다. 필로티 형식, 길고 낮은 띠 유리창, 직사각형 벽면 등 그의 설계 전형을 고스란히 확인할 수 있었다. 국립서양미술관에는 키아로스쿠로(Chiaroscuro)류의 작품, 인상주의 그리고 일부 근대 화가를 만날 수 있다.

　공원 내 식당에서 단 하나의 반찬도 없는 값싼 하이라이스로 점심을 마치고 도쿄도 미술관東京都美術館을 찾는다. 입구에 마련된 '미래는 예술The Future is Art'이라는 구호가 인상적이다.

도교도 미술관 입구

빌헬름 함메르스회이Vilhelm Hammershoi
는 주로 여성의 뒤 모습을 그리는 화가
로 유명하다. 인근 국립서양미술관에서
그의 작품 〈피아노를 치는 이다가 있는
실내Interior with Ida playing the piano〉를 처
음으로 접하고, 깊은 인상을 받았었다.
마침 그의 작품을 한 번에 감상할 기회
를 얻게 되었는데, 도쿄도 미술관에서 아
예 덴마크 미술 기획전이 열리고 있었다.

빌헬름 함메르스회이,
〈피아노를 치는 이다가 있는 실내〉

19세기 덴마크 미술을 3개의 시기로 나눌 수 있단다. 먼저 스카겐
Skagen파 시대이다. 북부 바닷가 스카겐Skagen 지역을 중심으로 거친
대지에 나가 삶의 현장과 역동성을 힘 있게 담아내고 있다. 몇몇 어부
가 힘을 합해 어선을 해변으로 끌어내는 그림들이 여기에 해당한다.
다음이 19세기 말 국제화와 실내화 융성 시기이다.

마지막으로 빌헬름 함메르스회이Vilhelm Hammershoi(1864~1916) 시기에 이르면 아예 뒷모습이나 표정 없는 자화상에 집중한다. 그래서 그의 작품은 '수도와 정숙의 가운데에서', '계절이 없다. 다만 멜랑콜리만 있는데 먼 과거 다른 영역이다'라고 평가받고 있다. 1시간여의 짧은 시간이었지만 그와의 집중적인 만남으로 아쉬움이 많지 않다.

저 멀리 보이는 르네상스 양식과 일본식이 절충된 건축양식의 일본 국립박물관은 여전히 사랑받는 듯 시민들로 붐빈다. 그래서 이미 늦기도 했거니와 그곳을 건너뛰고 도쿄예술대학東京藝術大學미술관을 찾아보기로 했다. 둥근 기둥에 상자가 올려져 있는 형태의 4층짜리 미술관은 꼭 가 보고 싶었던 미술관 중 하나이다.

일본 정부가 처음으로 만든 미술학교는 1871년에 설립한 고부工部 대학 미술학교이다. 산업기술을 담당하는 부처에서 미술학교를 만들었다는 것도 의아하거니와 초대 공부 장관이 이토 히로부미伊藤博文였다는 것도 놀랍다. 이토는 우리에게는 피를 끓게 하는 원수이지만, 일본에서는 근대화 시기에 그 역할이 적지 않았구나 싶다.

그러나 이 학교는 곧 없어지고 두 번째로 탄생한 것이 도쿄미술학교이다. 1887년에 이 학교를 만든 이가 어니스트 페놀로사Ernest Fenollosa와 오카쿠라 덴신岡倉天心이다. 도쿄미술학교에는 구로다 세이키黑田淸輝, 후지시마 타케지藤島武二의 교수진이 있었고 이들 밑에서 우리의 유학생 고희동, 김용준, 오지호가 공부했다. 우리 근대 미술과 깊은 인연이 있다고 할 수 있다. 이런 역사적 배경 때문에 미술관에서 작품을 관람하겠다는 것보다 역사적 의의가 있는 현장을 직접 목도하고 싶었

시티도슨트

다는 것이 더 맞는 말이다. 이 학교는 1949년 도쿄 음악대학과 합병된 뒤 도쿄예술대학이 되었다.

아트 트라이앵글 롯폰기를 자랑스러워했다

롯폰기六本木에 있는 3개의 미술관 즉 롯폰기 힐스六本木ヒルズ의 모리森미술관, 미드타운Tokyo Midtown의 산토리Suntory미술관, 그리고 국립신미술관國立新美術館을 '아트 트라이앵글 롯폰기Art Triangle Roppongi'라고 한다. 일본의 예술과 대규모 복합개발 사례를 한 번에 볼 수 있는 곳이라 기회가 되면 자주 들리는 곳이다.

먼저 건축가 구로카와 기쇼墨川紀章가 설계한 국립신미술관을 방문한다. 미술관의 실내에 뉴욕 구겐하임 미술관을 닮은 뒤집힌 원뿔 형상의 구조물이 자리 잡고 있어 특이하다. 때마침 르누아르Pierre-Auguste Renoir 기획전이 있어 표를 샀는데 놀라움 그 자체였다. 주로 연로하신 노인들이 거의 5줄 정도로 움직이면서 그림을 감상하고 있었다. 그런 중에도 몸을 부딪치거나 무리하게 비집고 들어오는 사람이 없어 감상 분위기는 참 편안했다. 바쁜 일정이라 멀리서 대충의 감상으로 끝마쳤지만, 차분했던 감상 분위기가 기억에 오래 남는다.

그리곤 미드타운을 찾았다. 방위청 군사시설을 철거하고 복합쇼핑시설로 개발한 곳이다. 이곳에 대규모의 군사시설이 들어설 수 있었던 것은 산킨코타이(參勤交代) 제도에 따라 다이묘들의 처와 자녀들이 볼모 생활을 했던 넓은 거주지가 롯폰기 일대에 많았기 때문이다. 미드타운의 뜰에 별도의 디자인 전문 미술관 '21_21 디자인 사이트21_21 DESIGN SITE'가 있는데, 이 미술관은 프리츠커상을 받은 일본 건축가 안도 다다오安藤忠雄가 설계했다. 미드타운 내에는 또 하나의 미술관이 더 있는데, 일본식 목조건축 양식을 적극적으로 활용해서 유명한 구마 겐고隈研吾가 설계한 산토리 미술관이다. 일본 전통 예술 컬렉션으로 유명하다. 또 미드타운은 후면에 넓은 공원을 배치고 격자형의 건물로 개발한 것이 특징인 반면 롯폰기 힐스는 곡선 중심의 건물인 것이 대조적이다.

21_21 디자인 사이트

롯폰기 힐스六本木ヒルズ에 도착하니까 정확한 오후 4시. 입구에 거대한 루이스 부르주아Louise Bourgeois의 〈마망Maman〉이 반겨 준다. 사전 예약을 했던 모리森 부동산 관계자의 안내를 받을 수 있었다. 그의 설명을 요약하면, 타운 매니지먼트(town management)가 잘돼야 궁극적으로 성공적인 부동산 개발로 귀결될 수 있는 것이라는 것이 핵심

내용이다. 타운 매니지먼트는 빈 공간을 문화나 여가 활동 공간 등으로 활용하여 지역 상권을 활성화하고 침체한 지역에 활력을 불어넣고자 하는 전략을 말한다. 그런 전략의 하나로 전망대로 채웠어야 할 53층에 모리미술관을 배치하였고, 일부 층에 직접적인 수익성과는 거리가 먼 회원제도서관을 설치했다니 아이디어와 발상이 놀랍다. 더불어 '아트 트라이앵글 롯폰기Art Triangle Roppongi'에 대한 자부심도 대단했다. 자신들만의 미술관에 만족하지 않고 지역 내 여타 미술관과 함께 네트워크를 형성하여 기업과 지역의 상생을 도모했다는 것이니 그 노력이 가상하다.

바닥에 공조시스템이 설치된 롯폰기 힐스의 통로 바닥

더 놀라운 것은 개발 이전에 이곳에 살았던 원주민의 재정착을 위한 보상 대책이다. 원주민들은 주로 수입이 없는 노령 인구가 많았기에 소형의 아파트와 임대 오피스텔 2가지를 보상했다는 것이다. 임대 오피스텔의 임대 수입으로 생활비를 벌 수 있었기 때문에 원주민의 재정착률을 높일 수 있었다는 것이다. 우리의 재개발사업은 여전히 거주를 위한 아파트 분양권 일변도이다. 그러다 보니 집 한 채만을 겨우 보유하고 있는 노인들은 재개발 또는 재건축사업을 반대하면서 사업들이 지지부진하기도 하고, 사업이 진행되더라도 원주민의 재정착률이 현저하게 낮은 것이 현실이 되고 있다.

젊은이의 거리, 오모테산도

오모테산도表参道는 '젊은이의 거리'로 유명하고, 또 한편으로 '부티크의 거리'로도 유명하다. 해외 유명 브랜드도 많이 들어서 있다. 하라주쿠原宿역에서 시작해서 오모테산도를 둘러보기로 했다. 처음으로 마주친 도큐 플라자Tokyu plaza는 입구에서부터 놀랍다. 다양한 각도로 유리가 붙어 있고, 3층까지 바로 에스컬레이터로 이동하는 것도 독특하다. 옥상에는 차분하고 제대로 된 실질적인 옥상 공원을 조성하여 젊은이들의 사랑을 받는 듯 많은 젊은이가 모여 있다.

이렇게 번잡한 곳을 걸으면서 불편함을 크게 느낄 수 없었다. 넓은 보도, 일본인들의 배려심과 왼쪽 통행 생활화가 불편함을 상쇄해 주고 있었다. 온통 스마트폰에 눈길을 주고 걷느라, 친구들과의 대화에 매몰되어서, 인도를 막 내달리는 자동차와 오토바이로 인해 보행인의 안전과 편안함이 담보되지 않는 우리의 길거리 현실이 새삼 안타까웠다.

커피 한 잔을 마시러 찾은 곳이 오모테산도 힐스表参道ヒルズ이다. 롯폰기 힐스를 개발했던 모리森 부동산이 개발하고, 건축가 안도 다다오安藤忠雄가 설계한 이 건물은 3개의 특징 있는 건물로 구성되어 있다.

도큐 플라자

내부는 아트리움(atrium) 형태로 조성되어 있고 그 가장자리는 부담스럽지 않는 경사로가 설치되어 있다. 지하 3층, 지상 3층 규모인데, 지하에 큰 광장을 만들어 다양한 이벤트를 보여 주고 있다. 사전 정보도 없이 찾아갔던 유기농 식당의 메뉴가 크게 비싸지도 않고 먹음직했다.

오모테산도 힐스 외부

오모테산도 힐스 내부

도보권 내에 있는 인근 아오야마青山의 '코뮌Commune 246'도 인상적이다. 크지 않은 부지에 16개 내외의 작은 주점과 커피숍이 산재해 있고, 중심은 노천광장으로 이루어져 있는 젊은이들의 공간이다. 가게마다 특징 있는 연출을 하고 있으니 그냥 둘러보아도 볼거리가 있고, 아무 가게나 들어가서 다양한 주류나 커피를 즐겨도 재미가 있다. 매일 밤 노천광장과 카페에서 작은 축제가 벌어진다니 어찌 젊은이들이 모이지 않을 수 있겠는가.

코뮌 246

요즘 핫한 곳이 새로 등장했다

우에노로 돌아오는 길에 긴자銀座를 찾았다. 이때 도쿄역 인근을 지나가야 한다. 도쿄역은 다쓰노 긴코辰野金吾가 설계한 좌우대칭의 르네상스 양식 건물이다. 조선은행(지금 한국은행), 부산역도 다쓰노 긴코의 작품이다. 도쿄역은 서울역과 비슷한 듯하지만 다른 점이 많다. 서울역(당시 경성역)은 도쿄역을 설계한 다쓰노 긴코의 제자인 츠카모토 히사시塚本尚가 설계한 것으로 알려져 있다. 그래서 그런지 외

도쿄역

서울역

견은 상당한 비슷한 모습을 갖고 있다. 비슷한 점은 여기까지이다.

도쿄역은 지금도 호텔 등으로 이용되고, 지하는 무수히 많은 지하철의 환승 공간이 되고 있다. 도쿄에서 가장 복잡한 역 중의 하나이다. 반면 우리의 서울역사는 '문화역서울 264'라는 복합문화공간으로 변신했다. 하지만 이용객으로 넘치는 KTX역사에 비하면 뒷방늙은이로 밀려난 느낌이다. 덕분에 역사 전면에 있는, 사이토 마코토斎藤実 총독에 폭탄을 투척했던 강우규 의사의 동상도 존재감을 잃었다.

또 사진작가이자 비평가 존 버거John Berger는 기차역은 '어떤 단호한 존재'라고 하며, 그 이유를 돌아옴과 떠남의 장소로 꼽았다. 역 광장은 만남과 소통의 공간인 셈이다. 우리 서울역은 그 광장을 버스와 택시에 내주고 옹색한 처지가 되었지만, 도쿄역 광장은 아직도 널찍한 광장을 유지하고 있었다.

이윽고 긴자銀座에 접어들었다. 먼저 긴자 식스G Six에 들렀다. 과거 관동대지진 이후 긴자에서 가장 높은 건물로 들어섰던 백화점 건물이 새롭게 복합상가 몰(mall)로 재탄생하였다. 개업기념식에 당시 아베 신조安倍晋三 수상이 참석하여 '긴자 재생의 상징'이라고 축사를 할 정도로 기대가 높았던 건물이다. 구조물도 생명체와 마찬가지로 언젠가는 낡게 마련이고 재생이 필요하다. 도시의 영원한 숙제라고 할 수 있다. 긴자 재생의 상징, 그 내부가 살짝 궁금하다.

13층 건물인데, 6층까지는 상가이고 7층부터는 사무실이다. 도로를 사이에 두고 있던 건물을 하나로 합치면서 도로를 그대로 두어 통로의 기능을 유지할 수 있도록 했다. 또 '긴자의 현관' 역할을 할 수 있도록 관광버스 승차장을 마련했다. 그 외에도 노가쿠도能樂堂라는 일본 전통의 가무극 노(能) 공연장도 자리 잡고 있다. 이 건물의 6층에 인문학과 문화예술 중심의 츠타야 서점蔦屋書店이 있는데, 서가별로 충분한 여유 공간을 두고 무심히 소개하는 듯한 도서관 분위기이다. 비싼 도쿄 중심 시가지에 많은 돈을 들여 재생 사업을 하고, 6층이라는 로열층에 문화예술 특화의 서점을 배치하는 것이 놀랍고 부럽다. 그런데 최근 들어 또 다른 변신을 하고 있었다. 서점 한가운데에 널찍한 전시 공간을 마련하였고 거기에서 미술품을 전시하고 있었다. 그런가 하면 어디가 서점인지, 커피숍 스타벅스인지 구분이 어려울 정도로 경계 없는 배치를 하고 있어 눈길을 끈다. 다음의 변신도 기대된다.

G Six 외부

G Six 내부

미드타운 히비야

그리곤 요즘 가장 인기가 높다는 도쿄 미드타운 히비야Tokyo Midtown Hibiya로 향했다. 롯폰기六本木의 미드타운을 개발했던 미쓰이三井 부동산이 히비야日比谷에 최근 새로이 완공한 35층짜리 대규모 복합개발 건축물이다. 노후한 산신三信 빌딩을 재건축하였는데, 저층부에 그 역사성을 담아 놓았다. 건물의 하부는 일본의 아르데코 양식을 대표하던 산신 빌딩의 돌담을 본뜨고 있다. 11층 이상은 사무실로 이용하되 그 이하는 영화관, 스타트업(startup)과 신산업을 발전을 위한 비즈니스 지원 공간, 그리고 개성 있는 60개의 점포가 들어서 있다. 휴일에는 전면광장에서 노천영화관 등 다양한 이벤트가 운영되고 있었다.

1층에 진입하면 큰 아트리움이 나타난다. 서울 영등포의 '타임스퀘어Timessquare'와 유사한 형국이다. 아트리움에 피아노를 놓고 신청자 순으로 연주를 하고 있어 인상적이다. 층별로 다양한 팝업 가게(popup store), 편집숍(edit shop), 그리고 이발소, 시계 수리점 등 독특한 가게가 한 자리씩을 차지하고 있다.

보수적이고 아날로그 성격이 다분한 일본 수도, 도쿄 한복판에서 다음을 기대하는 변화가 계속된다니 놀랍다. 언제 와도 변신이 새롭고, 창의적인 변신 이후에도 잘 착근하고 있고, 재미와 흥미가 함께하고 있으니 말이다.

다양한 도시재생을 마주한다

거기서 다시 마루노우치丸の內를 찾았다. 황궁을 배경으로 대기업과 관청이 많이 들어선 곳이다. 그런데 올 때마다 놀라운 것은 많은 현대적인 사무실 건물들 사이에 전통 건물을 잘 보존하고 조화로운 설계를 통해 안정적인 모습을 연출하고 있다는 것이다. 보존된 전통 건물을 주로 미술관으로 활용하고 현대적인 건물 사이에는 개방 공간(open space)을 확보해서 개방감과 휴게공간으로서 역할을 하고 있다. 또 거리 곳곳에는 가로수와 조화롭게 들어선 조각품을 보게 된다. 이곳에 올 때마다 나는 이들이 부러웠다.

과연 우리도 한옥과 현대 사무용 건물이 공존할 방법은 없는가?

마루노우치의 보존된 전통 건물

의지라도 있는 것인가? 재개발사업을 하면서 산업생태계에 대한 아무런 고민 없이 공장을 허물고 한옥이 헐려 나가는 모습을 볼 때마다, 또 재건축사업을 하면서 수십 년 된 묘목이 속절없이 잘려 나가는 현상을 목격할 때마다 답답하기 그지없다. 일자리와 거주 공간환경을 개선하려는 본래의 취지는 온데간데없고, 돈에 눈먼 투기 현장으로 전락한 현재의 재개발, 재건축사업에 대해 다시금 고민케 한다.

현대적인 건물과 전통 건물 사이의 개방 공간

거리의 공공미술

코레도 니혼바시 외부

    이곳에서 멀지 않은 니혼바시日本橋에 코레도 무로마치Coredo 室町 1, 2, 3이 있다. 3개의 건물군이 마치 하나의 건물처럼 훌륭한 건축을 보여 주고 있다. 건물 외부의 자투리 공간이 포켓 공원으로 잘 조성되어 있고, 하물며 거기에 신사(神社)가 자리 잡고 있기도 하다. 지하는 모두 연결되어 있어서 활용도가 높다. 입체 및 복합개발의 전형을 보여 준다.

    또 다른 유형의 도시재생 현장이 있어 요코하마橫浜로 달려갔다. 도시계획 전공자에게는 도시재생 사업지로 유명한 곳이다. 요코하마의 고가네초黃金町역과 히노데초日ノ出町역 사이의 철도 하부공간이 예술 공간으로 거듭나고 있는 사업지이다. 원래 외국인 윤락녀와 야쿠자 조직들이 밀집했던 지역이 주민들의 자발적 재생 노력을 통해 거듭 새

롭게 태어난 것이다. 이 재생 사업지에는 창작 공간, 카페, 헌책방, 그리고 회의 공간 등이 자리 잡고 있었는데, 미술 스튜디오는 지역 내 요코하마 미술대학과 공동으로 관리 및 운영되고 있다.

도시재생을 영어로 젠트리피케이션(gentrification)이라고 한다. 빈곤계층이 많이 사는 낙후지역에 여러 사업을 통해 활기를 불어넣어 활성화를 도모하는 개념이다. 그러다 보니 이곳에 중산층들이 유입하고 반면에 빈곤계층은 내몰리는 부작용이 발생하게 되어 가장 큰 문제점으로 지적되고 있다. 또 특징 없는 무분별한 베끼기 재생 사업이 만연하는 듀플리케이션(duplication), 프랜차이즈화도 문제점으로 지적된다. 하지만 이곳 도시재생사업은 도시를 재생하면서 범죄도 예방하고 젊은이에게는 창작 공간을 제공하는 것이니 일거양득, 일거삼득의 효과를 가진다고 할 수 있겠다. 하지만 찾은 날이 토요일이라 그런지 조용하고 한산해서 진면목을 볼 수 없어 안타깝다.

요코하마 철도의 하부

일본 정원을 만난다

조경학 개론에서는 일본 정원의 특징으로 나무, 바위, 모래 등을 사용하여 자연의 형상을 활용하거나 언덕을 만들어 초목을 배치하고, 계절에 따라 다른 정경을 감상할 수 있게 만드는 것을 꼽는다. 그 배경이 되는 철학에는 자연에 대한 경외심과 사람의 손길이 닿은 것을 느끼지 않게 하는 자연미 추구가 깔려 있다. 하지만 이는 교과서에서 읽은 일본 정원에 대한 지식으로 남아 있을 뿐 나와 무관한 일처럼 느껴졌다. 그런데 우연히 관심 있게 볼 기회가 생겼다. 답사를 같이했던 지인이 일본 황궁을 둘러보자는 제안을 했기 때문이다.

고쿄히가시교엔皇居東御苑을 찾아 나섰다. 고쿄히가시교엔은 황궁(皇居)의 동측에 있는 정원이다. 고쿄히가시교엔은 예약 없이 언제든 입장이 가능하여 손쉽게 선택할 수 있었다. 입구에서 간단한 소지품 검사를 마치고 들어선다. 해자(垓子)와 옹성(甕城) 형태의 오테몬大水文을 지나 작은 물길을 돌아야 내부로 진입할 수 있게 되어 있다. 한꺼번에 많은 외부인이 들어올 수 없도록 하는 방어적인 구조인 셈이다. 이런 구조는 일본 건축가 안도 다다오의 설계건축물에서 많이 볼 수 있기도 하다. 잘 다듬어진 수목, 그리고 이끼까지 잘 보존된 듯하여 산책하듯이 편안하게 걸음을 옮길 수 있었다.

공원 바로 건너편에 일본 최초의 국립미술관인 도쿄국립근대미술관東京國立近代美術館이 있다. 주로 일본 근대작가의 작품 1만3천 점을 소장하고 있는데, 대단한 소장품 숫자다. 그 외에도 우에노 공원에 있는 국립서양미술관도 6,000점의 작품을 소장하고 있는 것으로 알려져 있다. 한국을 대표하는 국내 유일의 국립미술관인 국립현대미술관

고쿄히가시교엔

의 소장품 수가 약 10,000점인 것에 견주어 보면 이들의 문화예술 인프라가 엄청나다는 것을 실감한다. 일본 지방 도시의 미술관에서도 유명 서양 미술 화가의 작품과 자주 조우할 수 있을 정도이다.

공원에서의 산책이 계속되는 듯 편안한 마음으로 작품을 즐긴다. 일본 목판화 부흥을 이끌었던 온치 고시로恩地孝四郎의 두 판화작품, 프랑스에 유학을 다녀와 조소에서 뛰어난 작품을 남겼지만 31살에 요절한 오기와라 모리에荻原守衛의 〈여〉가 먼저 눈에 들어온다. 또 어릴 때 미국으로 건너가 활동한 구니요시 야스오荻原守衛의 원색적인 강렬함이 눈길을 끈다. 가와이 교쿠도川合玉堂의 오묘한 수묵화, 이시이 린쿄石井林響의 독특한 수묵담채화에도 강한 인상을 받는다. 우리의 수묵화는 사실적이지만 일본 근대 수묵화에서는 추상성, 부드러우면서 강렬함이 느껴진다. 가와이 교쿠도는 서울 국립박물관에서도 〈늦봄〉이라는 이름으로 만날 수 있다.

하마리큐 은사정원 내 해수 연못

내친김에 시오도메汐留에 있는 도립 하마리큐 은사정원浜離宮恩賜庭園으로 향한다. 1654년 도쿠가와德川 가문의 4대 쇼군의 남동생이었던 마쓰히라松平綱重가 바다를 메워 오리 사냥용의 별장으로 지은 것이다. 그 후 그의 아들이 6대 쇼군이 되면서 자연스럽게 쇼군의 별장이 되었다. 사냥했던 시설, 해수 연못, 차를 마시며 여가를 즐겼던 찻집 등이 옛 모습을 간직하고 있다. 전통 창살에 창호지를 붙이는 방향이 한국과 일본이 달랐다는 것도 확인할 수 있어 재미가 있다.

하마리큐 은사정원 내 찻집

귀국을 앞두고도 바빴다

귀국을 앞두고 마음이 바쁘다. 요즘 뜨는 곳은 그 현장을 확인하고 싶어서, 과거의 명성이 화려했던 곳은 지금 어떻게 변하고 있는지 궁금해서 들르고 싶은 마음이 간절하다. 그래도 신주쿠新宿 도쿄 도청은 한 번 들려야 하지 않을까. 도쿄 도청의 전망대는 단번에 도쿄 전체를 조망할 수 있는 명소라 해도 과언이 아니다. 도쿄 시내를 구경하다 보니 누에고치 모양의 건물이 단연 눈에 띈다. 패션 전문의 모드 학원 코쿤 건물이라고 하는데, 건축가 단게 겐조丹下健三의 설계회사에서 설계하였다고 한다. 그런데 노먼 포스터Norman Foster가 설계한 런던의 거킨 빌딩Gherkin Building, 장 누벨Jean Nouvel이 설계한 바르셀로나의 아그바 타워Torre Agbar와 많이 닮았다.

그리곤 오다이바お台場로 이동했다. 도쿄는 1980년대 거품경제(bubble economy)가 한창일 때 바닷가를 메워 임해부도심(臨海副都心)을 조성하였는데, 이를 다른 말로 오다이바라고 한다. 내륙에서의 개발이 어려우니만큼 대규모 해안 매립을 통해 도시 활성화를 도모하고자 하였던 것이다. 하지만 거품 붕괴와 같은 경제 부침에 따라 오다이바도 많은 변화를 겪게 된다. 불과 수년 전에 비해 이제는 제법 오래된 흔적이 느껴지고 활력도 떨어지는 듯하다. 다만 과거 미완성 상태의 공원이 제법 자리를 잡았고 새롭게 들어선 거대한 유니콘 건담(Gundam) 앞은 가장 많은 관광객이 몰리는 곳이 되었다. 하루에 4번 건담이 변신하는데 이때 제법 볼 만하다.

한반도 태생이라 마음 한구석에 용서할 수 없는 분노가 남아 있지만, 일본 도쿄를 찾을 때마다 느끼는 편안함은 내 혼자만이 아닐 것이다. 그들의 속내는 알 길이 없다. 이 편안함이 일본 특유의 손님을 환대하는 오모테나시お持て成し 관습에 기인한다고 할지라도, 그것도 사람에 대한 애정이 아니겠는가. 대도시의 번잡함과 도시재생의 소란함은 어쩔 수 없겠지만, 사람 중심으로 편안함이 유지되고 있다는 느낌이다. 입체, 복합개발도 궁극적으로 사람 중심이고, 완만한 경사가

도쿄 도청 앞 코쿤 건물

유지되는 보도의 안정감도 걷고 싶은 도시로서 편안함을 주기 위한 것이다.

그러니 결국 사람을 사랑하는 일이다. 마루노우치의 길을 걸으며, 긴자의 복합상가 몰에서, 오모테산도의 카페에서, 롯폰기의 미술관에서 편안했다. 도시가 품어주는 애정이 느껴졌다는 것을 부인하기 어렵다.

오다이바 유니콘 건담

참고문헌

1. 장윤선, 《도쿄 미술관 산책》, 시공사, 2011
2. 森稔, 《ヒルズ挑戦する都市, 朝日新聞出版》, 2009

3. 홍성미, "동경미술학교 조선인 유학생 연구", 명지대학교 박사학위논문, 2014

4. 辻 惟雄,《日本美術の歷史》, 東京大學出版會, 2012

5. 이민경,《도쿄 큐레이션》, 진풍경, 2022

6. 양재섭 외,《서울이 본 도쿄 도쿄가 본 서울》, 서울연구원, 2022

8. 두바이 Dubai

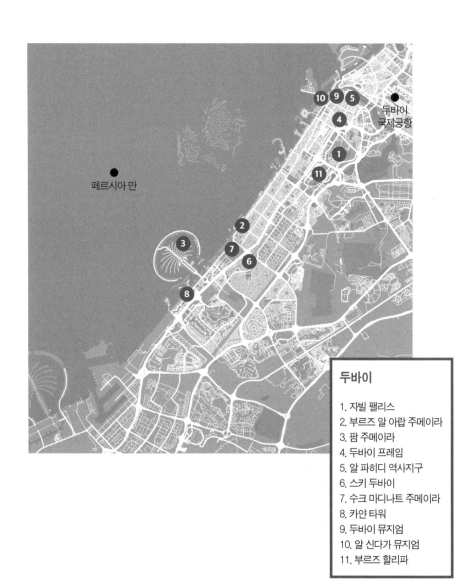

페르시아 만

두바이 국제공항

10 9 5
4
1
11
2
3
7
6
8

두바이

1. 자빌 팰리스
2. 부르즈 알 아랍 주메이라
3. 팜 주메이라
4. 두바이 프레임
5. 알 파히디 역사지구
6. 스키 두바이
7. 수크 마디나트 주메이라
8. 카얀 타워
9. 두바이 뮤지엄
10. 알 신다가 뮤지엄
11. 부르즈 할리파

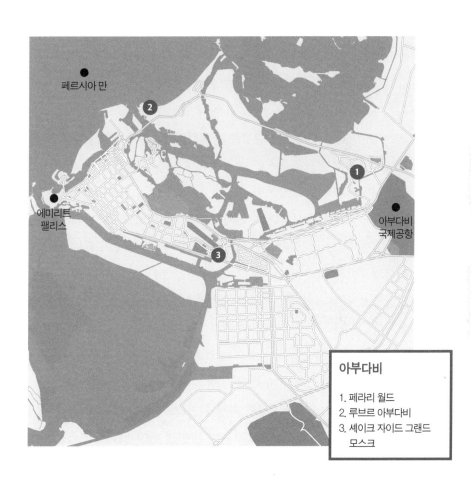

페르시아 만

에미리트
팰리스

아부다비
국제공항

아부다비

1. 페라리 월드
2. 루브르 아부다비
3. 셰이크 자이드 그랜드
   모스크

상식으로 가늠키 어려웠던 도시, 두바이

아랍에미리트United Arab Emirates는 서쪽으로는 사우디아라비아에 면하고 동쪽으로는 페르시아만에 면하고 있는 7개 토호국으로 이루어진 연합국이다. 그 토호국의 핵심이 아부다비Abu Dhabi와 두바이Dubai이다. 그러니 아부다비와 두바이는 국가이자 도시이기도 하다. 아부다비는 아랍에미리트의 3/4을 차지할 정도로 가장 넓은 면적을 차지하고 국가 수도의 역할을 하고 있다. 이 나라 재정의 대부분을 담당하고 있으며 아부다비의 왕이 대통령직을 차지하고 있다. 두바이는 일부 재정 책임을 지는 역할을 하고 있으며 부통령의 지위를 맡고 있다. 아랍에미리트의 인구 규모는 약 920만 명인데, 80% 이상을 외국인과 외국에서 들어온 노동자가 차지한다. 아랍에미리트인은 20%도 채 되지 않는다.

아랍에미리트는 1960년대 석유가 발견되면서 부국이 되었고 지금도 세계 7번째 석유 생산국이다. 하지만 앞으로 30년 이후에는 고갈될 것으로 예측되었고, 아랍에미리트의 고민은 거기에 있었다. 그래서 가장 먼저 석유 고갈 위기에 처한 두바이는 '최고, 최대'의 프로젝트를 통한 도시개발을 추진하면서 향후 도시경쟁력을 이어 갈 수 있도록 사업환경을 갖추고자 했다. 아부다비도 이런 두바이를 뒤따르고 있다. 그뿐만 아니라 세계에서 가장 기업 하기 좋은 환경을 제공하기 위해 파격적인 제도를 내밀었다. 연방 차원의 법인세와 소득세도 없애 버린 것이다. 하지만 언젠가는 화석연료에 의존하는 세계경제구조가 종식될 터인데 그때 이 두 도시는 어떻게 감당할 것인가.

국가와 도시에 대한 기존 상식으로는 가늠키 어려운 아랍 세계. 황폐한 사막과 이슬람교가 지배하는 지역. 그런 중에도 아이디어를 창출하고 이를 실현하여 세계적인 경쟁력을 갖추고 있는 도시를 만들어냈다. 가 보지 않고는 상상하기 어려운 도시, 그래서 가설적인 질문조차도 어려운 도시, 두바이Dubai에 첫발을 내디딘다.

10시간의 긴 밤 비행 끝에 아랍에미리트의 두바이 공항Dubai International Airport에 도착했다. 새벽 5시에 입국 절차를 마치고 나왔는데 외투를 입어야 할 정도로 쌀쌀하다. 아직 어둠이 채 가셔지지 않았지만, 이 나라 왕궁 자빌 팰리스Zabeel Palace를 찾아간다. 접근이 제한되어 있어 멀리서 지켜보는 것에 만족해야 했다. 마치 오아시스처럼, 모래 일색인 주변 지역과는 판이한 녹색 조경이 조성되어 있다. 어떻게 이것이 가능할까. 자세히 살펴보니, 토양은 모래이지만 가는 관을 통해 끊임없이 물이 공급되고 있었다.

자빌 팰리스 원경

호텔 부르즈 알 아랍 주메이라

　이어 도착한 인공해안에는 돛단배 모양의 호텔 부르즈 알 아랍 주메이라Burj Al Arab Jumeirah가 들어서 있어 유명하다. 공식적으로는 호텔 최고의 등급이 5성급이지만, 이 호텔이 그 급을 월등하게 상회한다고 해서 세계 유일의 7성급 호텔이라 한다. 결국 7성급 호텔은 광고나 홍보를 위한 표현에 불과하다. 그러다 보니 이제 세계 곳곳에서는 7성급 호텔이라고 주장하는 호텔이 적지 않다. 이 호텔에서는 투숙객과 뷔페 이용객 외에 통제가 이루어지고 있어 멀리서 보는 것으로 만족했다. 해변에서는 때마침 방송국 카메라까지 등장하는 철인 3종 경기가 펼쳐지고 있어 열기가 뜨겁다.

팜 주메이라

두바이 시그너처를 눈으로 확인하다

다음은 야자수 모양으로 조성된 인공섬 팜 주메이라Palm Jumeirah이
다. '주메이라Jumeirah'는 바닷가의 주거지역을 말하는데, 주로 값비싼
단독주택이나 타운하우스(townhouse)가 들어서 있다. 이곳에도 다
양한 건물들이 들어서 있는데, 야자수 줄기에 해당하는 지역에는 상
가와 고층아파트, 잎 부분에는 빌라가 바다를 끼고 들어서 있다. 줄기
의 끝부분에는 호텔, 놀이공원 등이 들어서 있고 두바이의 국영 관리
기업 나킬(Nakheel)이 관리하는 모노레일이 운행되고 있다. 이른 시
간이라서 그런지 승객은 거의 없어서 전기를 낭비하고 있는 듯한 모양
새다.

세계 최대의 사진 액자 '두바이 프레임Dubai Frame'은 말 그대로 사진

틀 모양으로 만들어진 150m 높이의 조망대이다. 최상층에서 내려다보는 조망도 훌륭하지만, 관람객이 어느 지점에 이르면 갑자기 투명한 유리로 변해 공포에 떨게 하는 것이 더 인상적이다. 이 사람들의 상상력은 어디까지일까 싶다.

두바이 프레임

그리곤 민속촌에 해당하는 바스타키아Bastakia로 향한다. 바스타키아는 원주민들이 거주하던 마을인데, 지금은 알 파히디 역사지구Al Fahidi Historical로 지정되어 보호되고 재정비되었다. 복원된 전통주택에는 바람 통로 역할을 했던 윈드타워(wind tower)가 상징처럼 눈길을 끈다. 복원된 전통주택이 밀집된 지구 안에는 게스트하우스, 카페, 아트갤러리, 루프톱, 카페 등에다 각종 설치 작품이 조화롭게 자리 잡고 있어 둘러보는 재미가 있다. 우연히 만난 아트갤러리 주인에게 아랍 음악 CD를 구하고 싶다고 하니 CD는 가지고 있지 않다면서 무려 8곡을 적어 주며 추천한다. 관광은 사람이란 것을 또 한 번 느낀다.

윈드타워

역사지구 내 카페

큰 관심이 없는 향신료와 금 시장을 형식적으로 둘러보고 유명한 인공스키장, 스키 두바이Ski Dubai를 찾았다. 제법 스키 관련 시설을 갖추고 있었지만, 이용객은 많지 않다. 인공스키장 주변으로 식당을 배치하여 인공스키장을 고객 유치를 위한 유인시설로 이용하고 있는 듯하다. 대신 쇼핑몰과 특히 대규모 할인매장 까르푸Carrefour에는 사람들로 넘친다.

스키 두바이

　수크Souk는 시장, 재래시장이란 뜻이다. 수크 마디나트 주메이라Souk Madinat Jumeirah는 시장이라기보다는 고급 쇼핑몰을 의미하는 고유명사라고 할 수 있다. 수크 마디나트 주메이라에는 주변의 인공 수로에 물이 흐르고 그 안쪽으로 식당, 호텔, 상가 등을 입체적으로 배치하여 운치를 더한다. 걷다가 힘들면 노천카페에서 맥주 한 잔으로 목을 축일 수 있어 한가하고 여유롭다.

수크 마디나트 주메이라

카얀 타워

두바이 마리나 야경

고층빌딩이 즐비한 두바이이다. 그러다 보면 조망권 다툼이 생기지 않을까 하는 의문이 든다. 만약 360도 회전을 하면서 다양한 경관을 즐길 수 있는 건물이라면 조망권 다툼이 없어지지 않을까. 그런 건물이 두바이에 있다. 360도 회전하면서, 춤추듯 계속 모습을 바뀌는 75층 트위스트 건물, 카얀 타워Cayan Tower를 보고 탄성을 쏟아낸다. 어지럽지는 않을까.

마지막으로 찾은 곳은 요트가 즐비한 마리나. 요트 크루즈 대신 주변 산책에 나섰다. 주변 대부분의 식당은 술을 팔지 않는다. 유일하게 피에르7Pier7은 7층 건물 전체가 술집인데 음악 소리로 가늠하건대 클럽도 있는 듯하다. 그래서 주로 잔뜩 차려입은 외국인들이 많이 찾고 있는 것 같다. 이런 곳에서 눈으로만 시설을 둘러보는 것은 아쉽기 그지없다. 이곳저곳 방문을 거듭하다 1만 원 정도의 와인 한 잔으로 루프톱에서 불꽃놀이를 즐길 수 있었던 것은 행운이다.

자유시간에 행운을 만나다

사막 베두인 체험행사에 참여하지 않는 대신 자유시간을 갖기로 했다. 호텔에 콜택시를 부탁해서 시내로 나가기로 했다. 약속과 달리 자가용 영업 차량을 불러 주었는데 80디르함(2만4천 원)으로 약정하고 탑승했다. 크게 나쁘지 않은 조건인 듯하여 호텔로 돌아올 때 다시 이용하기로 했다. 먼저 과거 왕궁으로 사용되었다던 두바이 뮤지엄Dubai Museum을 찾았지만, 시설이나 내용 면에서 별로 매력을 느끼지 못했다.

두바이 뮤지엄

    남은 시간을 이용해 어제 찾았던 바스타키아Bastakia를 찾으려고 했지만 정반대로 향하고 있었다. 그런데 운 좋게도 또 다른 역사문화지구를 발견하게 되었다. 알 신다가 역사문화지구Al Shindagha Historic District라는 곳이다. 훨씬 정갈하게 정리되어 있고 알 신다가 뮤지엄Al Shindagha Museum 등 박물관도 여럿 자리 잡고 있었다. 잠시 둘러보고는 아랍 전통식당에서 점심을 해결하기로 했다. 종업원의 추천을 받아 호기심으로 낙타고기로 된 전통음식을 즐겼는데 크게 나쁘지 않았다. 맛은 소고기와 별반 다르지 않다.

    다시 찾은 알 파히디 역사지구Al Fahidi Historical에서 좀 더 여유를 갖고 즐기기로 했다. 역사지구 입구에 있던 독특한 건물 한 채가 눈에 띄었다. 가건물 형상이다. 얼핏 보았더니 전통의상인 칸도라(kandora) 차림의 몇몇 남자 두바이인들이 한담을 즐기고 있다. '마즐리스(Majlis)'라는 것인데, '마즐리스'란 공동체의 구성원들이 모여서 지역의 사건과 현안에 대해서 의논하거나 새로운 소식을 교환하고, 손님을 접대하거나 사귀면서 여흥을 즐기는 공간이라고 한다.

호기심이 그곳으로 이끈다. 관광객도 쉴 수 있느냐며 들어섰다. 썩 반갑지 않은 표정으로 음식은 안 되지만 그냥 앉아서 쉴 수는 있단다. 마즐리스는 두 개의 공간으로 나누어져 있었다. 입식으로 된 첫 번째 공간과 좌식의 두 번째 공간이다. 입식 공간에서 잠시 앉아 쉬고 있는데, 풍채 좋은 전통 복장의 두바이인이 뜨거운 홍차 한 잔을 권한다. 홍차 맛이야 익히 알고 있었지만 떫지도 않고 훨씬 풍미를 더 한다. 차를 마시며 흘깃 본 폐쇄적인 좌식 공간에서는 벽에 삥 둘러 걸려 있는 사진액자가 눈에 들어온다. 그중에는 마치 달력 사진처럼 걸려 있는 여자 인물사진이 눈에 들어온다. 여자는 사진으로 이곳에 들어올 수 있구나 싶어 묘한 기분이다.

알 신다가 역사문화지구

마즐리스

역사문화지구 내 카페

전통시장 거리

　　알 파히디 지구 길 건너 맞은편에 알 시프 전통시장Al Seef Heritage Souk
이 있는데, 복원된 전통 재래시장이라고 할 수 있다. 중간마다 천막도
있고 노천카페도 보인다. 스타벅스 커피숍도 그 특징적인 문양이 두바
이 고유한 이미지와 잘 조화되도록 노력한 흔적이 보인다. 지하에는 에
스컬레이터로 연결되는 주차 공간을 충분히 확보한 것도 인상적이다.

전통시장 내 스타벅스 커피숍

베네치아를 연상하는 바닷가 옆 노천카페에서 커피를 즐긴다. 관광객을 실은 배들이 빈번하게 움직인다. 관광용 수륙 양용 버스도 보인다.

바닷가 옆 노천카페

아부다비로 가는 길

다음 날 두바이의 서쪽에 있는 아부다비Abu Dhabi로 출발했다. 출근 시간인지라 길은 막혔다. 더구나 머무는 호텔이 두바이의 동쪽 외곽에 있는 샤르자Sharjah에 있어 중심지에 해당하는 두바이를 지나려면 교통 지체가 심각했다. 차창 밖으로 본 건물들은 항상 공사 중이다.

두바이 시내의 공사 중인 건물

처음 도착한 곳은 페라리 월드Ferrari World이다. 자동차 테마파크라 기대가 컸는데, 웅장한 건물과 어린이를 위한 위락시설만 확인할 수 있었다. 자동차에 관해 관심이 없다 보니 흥미를 느끼지 못한 탓이겠다. 역시 관심만큼 보이는 것이구나 싶다. 곧 다시 아부다비로 출발했다.

이윽고 루브르 아부다비Louvre Abu Dhabi이다. 10여 년 전에 프랑스 정부와 아랍에미리트 정부가 합의하여 루브르 별관을 아부다비에 짓기로 하였다. 그리고 300여 점의 미술품을 대여하기로 합의하였는데 루브르 아부다비는 그 결실이다. 미술관은 프리츠커상에 빛나는 장 누벨Jean Nouvel의 설계작이다. 대추 야자수를 상징하는 지붕을 구성하고 주변의 에메랄드빛 바다와 조화를 이루도록 하여 운치를 더하고 있다. 그의 설계작품은 한국에도 있다. 리움미술관 제2관이 그의 설계작품이다.

루브르 아부다비 외부

루브르 아부다비 내부

미술관은 모두 4개의 윙으로 구성되어 있는데 1시간이 주어졌다. 감상이 쉽지 않다. 두 번째 윙까지 건너뛰고 세 번째 윙 말미의 고전주의 작품과 네 번째 윙의 현대미술품 위주로 감상하는데도 빠듯해서 숨이 가쁠 지경이다.

다비드Jacques Louis David의 〈알프스를 넘는 나폴레옹〉, 레오나르도 다빈치Leonardo da Vinci의 〈밀라노 귀족 부인의 초상〉, 그리고 인상주의의 마네Édouard Manet, 세잔Paul Cézanne, 고흐Vincent Willem van Gogh의 작품, 그리고 바스키아Jean-Michel Basquiat, 로스코Mark Rothko, 브랑쿠시 Constantin Brâncuși, 지아코메티Alberto Giacometti 등의 작품이 선을 보인다. 고전주의 작품을 넘어서는 다양한 작품을 즐길 수 있어 기대 이상이다. 다만 작가마다 작품이 한두 점에 불과해 아쉬움은 남는다.

그리고는 셰이크 자이드 그랜드 모스크Abu Dhabi Sheikh Zayed Grand Mosque를 찾았다. 세계에서 3번째로 큰 규모라고 한다. 눈에 보이는 웅장한 모습 외에 더 놀라운 것은 주변 지하에 대규모의 순환 통로가 설치되어 있어 출입 동선 처리가 원활했다는 것이다. 미국에서 7만 명 수용의 미식축구장 주변 차량 처리 동선을 보고 놀랐던 기억이 생각난다. 모래에서 물 빠지듯이 경기 후 모든 방향으로 순식간에 차량이 빠져나가는 것이다. 이때도 경기장을 둘러싼 순환도로가 중요한 역할을 하고 있다는 것을 확인할 수 있었다. 그리고 평소 관심 많았던 4개의 미나레트(minaret)를 자세히 살펴볼 수 있는 것도 또 다른 즐거움이었다.

그랜드 모스크 외부

그랜드 모스크 내부

부르즈 할리파에서 본 경관

세계 최고의 부르즈 할리파에 오르다

다시 두바이로 돌아와 마지막 목적지이자 하이라이트, 828m 163층 세계 최고의 부르즈 할리파Burj Khalifa 빌딩에 오른다. 순식간에 125층 조망대에 올라 시내를 내려다본다. 세계의 유명 고층빌딩에 오른 경험이 있기에 크게 기대하지 않았는데, 엄청난 높이는 상상을 초월한다. 그리고 15분 간격으로 빌딩 인근 호수에서 진행되는 분수 쇼와 부르즈 할리파 빌딩 외벽을 이용한 쇼가 함께 이루어져, 호수 주변과 두바이 몰the Dubai Mall은 많은 사람으로 북적인다. 참고로 'EMAAR'를 자주 목격하게 되는데 이는 두바이 국영개발회사를 의미한다. 부르즈 할리파 빌딩과 그 호수 주변의 두바이 몰과 같은 많은 상가, 카페들을 계획적 개발할 수 있었던 것은 두바이 국영개발회사(EMAAR)가 있었기에 가능했으리라. 우리 롯데몰과 석촌호수 주변이 거의 주거로

두바이 몰 내부

개발되는 것과 비교된다. 한강 변도 마찬가지이다. 미래 서울에서 경쟁력 있는 수변공간의 재탄생을 기대해 본다.

두바이 몰은 서울 코엑스 몰보다 5배가량 넓은데다 볼거리도 많아 관광객과 주민들이 몰리고 있다. 개별적으로 흩어져 눈으로만 하는 쇼핑에 나섰는데, 쇼핑에 관심 없는 나에게도 볼거리가 많다. 곳곳에 상가와 잘 어우러진 예술 작품들이 설치되어 있어 그것을 구경하는 것만으로도 제법 흥미롭다.

부르즈 할리파 주변 분수 쇼

꿈을 꾸고 온 듯하다

두바이와 아부다비는 닮은 듯 닮지 않고, 다른 듯하면서도 닮았다. 두바이는 도시개발을 통한 경쟁력 강화를 위해 최고, 최대, 최장 등의 신기록에 목표를 두고 있는 듯했다. 꿈을 꾸는 대로 모두 다 실현해

낼 기세이기도 하다. 상대적으로 아부다비는 안정적인 도시를 지향하다가 최근 문화 관련 시설 등에 차별적으로 집중하고 있는 듯한 느낌이다. 그래서 그런지 두바이의 팜 주메이라에 가면 모노레일의 역사나 호텔 시설에서 정교하지 않은 개발도상국의 그것을 느끼게 한다. 반면 아부다비에서는 여러 시설을 새롭게 도입하면서도 주변 경관까지도 잘 조화를 이루도록 하려는 듯한 인상을 받게 된다.

두바이-아부다비 자유여행은 어려움은 많다. 두바이 공항에서 두바이 시내까지만 지하철(Metro)이 연결되어 있을 뿐이다. 물론 아부다비에도 별도의 공항이 있기는 하지만 말이다. 두 도시 간의 교통 거리는 차량으로 두 시간 정도의 거리에 불과하지만, 대중교통 수단이 원활한 편은 아니다. 시외버스를 이용하거나 비싼 비용의 택시를 이용해야 한다. 그렇게 도착해도 아부다비 시내에서는 또 익숙하지 않은 버스나 택시를 이용해야 하니 제한적일 수밖에 없다. 그러니 결국 패키지여행이 탁월한 듯하다. 불가피해서 선택한 패키지여행이었지만, 사막체험 프로그램만 참여하지 않으면 자유여행이나 다를 바 없어 보람과 의의를 다 누릴 수 있었다.

최고, 최대 프로젝트에다 최고가의 자동차가 거리를 누비는 중에도, 최고의 미술관과 협약을 맺어 최고의 걸작을 전시하는 미술관을 지으면서도, 지극히 전통적인 시장과 생활관습이 공존한다. 한 번도 경험해 보지 못한, 앞으로도 좀처럼 그런 기회를 얻기 어려운 '공간과 시간이 교차'하는 곳이었다.

1차 세계전쟁 당시 헝가리 지식인들은 조합주의자, 마르크스 이론가들의 공허하고 선동적인 주장에 염증을 느꼈다. 그래서 지식인 스스로가 생산지식인으로 급진화하여 나름의 사회주의 이데올로기를 창출했던 일을 기억한다. 이곳에서도 실용주의 생산지식인들이 도시개발을 통해 탈종교를 실천하고, 도시의 창의성을 만들어 내 역동적인 글로벌 도시를 창출했다는 생각이 든다. 이슬람 원리주의자들에 의해 지배되면서 폐쇄적이고 경직된 도시로 남아 있는 주변 국가들의 도시와 비교해 보면 더욱 명확해 보인다.

9. 싱가포르 Singapore

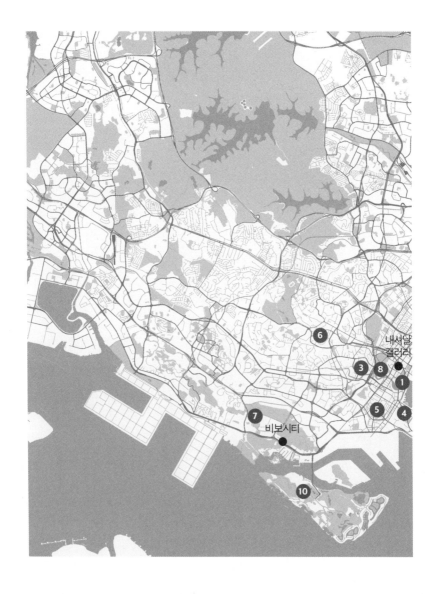

내셔널
갤러리

6

3 8

1

5 4

7 비보시티

10

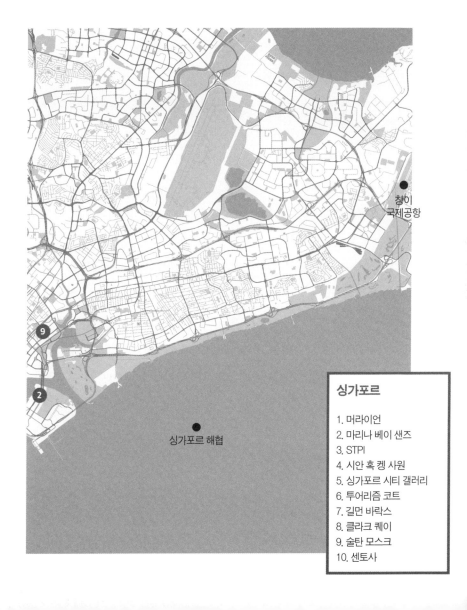

창이
국제공항

싱가포르 해협

싱가포르

1. 머라이언
2. 마리나 베이 샌즈
3. STPI
4. 시안 혹 켕 사원
5. 싱가포르 시티 갤러리
6. 투어리즘 코트
7. 길먼 바락스
8. 클라크 퀘이
9. 술탄 모스크
10. 센토사

입체적 토지이용의 도시를 가다

싱가포르는 도시이자 국가이다. 그래서 도시국가라 불린다. 깨끗하고 체계적으로 관리되는 이 도시국가는 세계적인 공항, 항구를 갖추고 아시아의 허브 역할을 하고 있다. 부패하고 양극화가 극명하게 드러나는 동남아 도시들 속에서 단연 세계적인 경쟁력을 갖추고 있다.

싱가포르의 도시 계획구조는 도시기본계획과 유사한 콘셉트 플랜 Concept Plan과 도시관리계획의 성격을 가진 마스터 플랜Master Plan으로 나뉜다. 전자는 강제력이 없는 비법정계획이고, 후자는 보전, 필지별 개발 유도, 도시설계 계획으로 구성되어 있으며 엄격히 적용되고 관리된다. 이 마스터 플랜에 의해 도심부의 경우에는 높이 250m까지 지을 수 있다. 이렇게 싱가포르의 경쟁력 원천은 높은 교육 수준과 더불어 엄정한 제도주의 도시관리라고 할 수 있다.

그런데 독일 철학자이자 사회학자인 위르겐 하버마스Jürgen Habermas는 경제와 국가행정의 영역에서는 도구적 합리성(instrumental rationality)이, 생활세계에서는 의사소통적 합리성(communicative rationality)이 지배한다고 보았다. 이 도구적 합리성이 생활세계의 영역까지 침범하면서 위기가 초래되었다고 주장한다. 국가 주도적인 관리체계가 지배하면서도 성공적인 사례로 자리 잡은 이 도시국가는 어떻게 설명할 수 있는 것일까. 이런 패러다임이 도시국가에는 적용될 수 없는 것인지. 아니면 아직 그 위기가 초래되지 않은 것인지. 질문을 안고 싱가포르 도시 탐방에 나선다.

지난밤 서울 인천공항을 출발한 비행기는 5시간 반 만에 자정 무렵 싱가포르 창이 공항Singapore Changi Airport에 도착했다. 1시간 시차이다. 간단한 입국 절차를 마치고 공항을 빠져나와 택시에 오른다. 택시의 강한 냉방으로 후덥지근한 날씨를 느끼지 못한다. 고속도로를 달려오면서 중앙분리대를 차지한 분재 같은 형태의 나무 조경이 눈에 띈다.

피곤함에 지쳐 잠이 들고 아침에야 주변을 둘러볼 수 있었다. 자세히 보니 도로 위를 가로질러 건물을 연결하는 통로가 많고, 주변과의 일체적인 연결이 인상적이다. 그리고 나중에 확인하였지만, 건물과 건물의 지하가 계속 연결되어 있고 지하철역과의 연결도 자연스러웠다. 이러한 입체적 토지이용은 뉴어바니즘(new urbanism)에 부합할 뿐 아니라 우리 도시가 앞으로 철저히 배워야 할 계획기법의 하나이다.

'이지 링크EZ Link' 표를 사고 얼마간의 돈을 충전해서 지하철MRT을 이용한다. 불과 몇 분 만에 래플스 팰리스Raffles Palace역에 도착했다. 우체국 건물을 개조한 플러턴 호텔Fullerton Hotel에서는 잘 리모델링된 우람한 기둥이 인상적이다. 싱가포르강River Singapore 변을 걸어서 싱가포르의 상징이 된 머라이언Merlion 상에 도착한다. 다들 인증사진 찍는다고 번잡하다. 그러나 역시 더운 날씨에는 그늘이 최고인 법, 다리 밑에 사람들이 몰려 잠시 더위를 식히고 있다.

더운 날씨가 고역이었지만 다리를 건너 에스플러네이드-베이 극장 Esplanade-Theatres on the Bay으로 이동하기로 했다. 두리안 과일 모양으로 된 이 건물은 유리로 된 돔 형태에다 별도의 조각을 덧붙이고 있다. 공연장, 몰, 먹거리 장터, 전시장이 함께하는 복합 몰개념이다. 그리고 더운 날씨를 고려하여 지하로 몰이 이어지고 있어 지상에는 거의 사람을 볼 수 없다. 덥고 허기져서 선텍 스퀘어Suntec Square 4층에 푸드 코트를 찾아 허기를 달랜다.

에스플러네이드-베이 극장

다시 기운을 내어 마리나 베이 샌즈Marina Bay Sands를 찾기로 했다. 헬릭스Helix라는 보행자 전용 다리를 건너 싱가포르를 상징하는 난초 모양으로 된 예술과학박물관The Art Science Museum에 들른다. 때마침 앤디 워홀Andy Warhol의 작품 전시회가 열리고 있다. 이미 국내외의 미술관에서 그의 작품 전시회를 감상한 적이 있었지만, 감동은 여전했다. 더 감동적인 것은 〈도시의 이미지City of Image〉라는 1분짜리 동영상물을 제작 작가들이 시연하는 현장이었다. 점점 뿌옇게 사라지는 다양한 도시 일상들을 통해 단속적인 도시의 일상을 강조하기도 하고, 다른 사람들의 눈을 의식하지 않고 벌이는 퍼포먼스를 통해 도시

의 익명성을 강조하는 등의 작품들이 연속적으로 시연되고 있어 한동
안 몰두했었다.

그리고 박물관에 연접하여 거대한 마리나베이 스퀘어Marina Bay
Square라는 쇼핑몰에 들어섰다. 명품 중심의 거대한 몰은 쇼핑 천국에
빠져든 느낌이다. 내부구조는 에스컬레이터가 연결된 돔 형태이며 연
속적인 사선 형태를 갖추고 있어, 직선 형태의 일본 도쿄의 미드타운
과 대조를 이룬다. 특히 버버리Burberry 브랜드는 바닷가에 독립된 섬
모양의 쇼핑 공간을 갖추고 있었고, 지하로 연결되어 있어 발상이 재
미있다. 쇼핑몰에는 컨벤션(convention) 시설이 함께 자리 잡고 있었
는데 때마침 입장을 단속하고 있어 접근할 수 없다.

마리나 베이 샌즈에 투숙하다

마리나 베이 샌즈Marina Bay Sands는 3개의 호텔 건물군으로 구성되
고 있으며 56, 57층에는 그 3개의 건물을 연결하는 배 모양의 섬이 얹
혀 있는 형국이다. 57층 클럽 '쿠데타Kudeta'로 바로 가는 전용 엘리베
이터를 이용해서 25달러에 싱가포르 슬링(Singapore Sling)과 같은
칵테일을 맛볼 수 있다. 또 그 클럽에서 여유롭고 흥겨움에 취할 수
있고 인근에 있는 수영장, 그리고 도심, 거대한 가든스 바이 더 베이
Gardens by the Bay를 조망할 수 있다.

일행들이 조금씩 분담하여 그 호텔에 투숙하기로 했다. 여러 명이
나누어 부담하면 적은 부담으로 고급호텔의 편안함을 즐길 수 있다는
생각에서 나온 발상이다. 마리나 베이 샌즈 호텔 54층에서 내려다보
는 전경이 대단하다. 투숙객에게 무료로 제공되는 57층 야외수영장

마리나 베이 샌즈

을 이용해 보기도 하고, 바로 눈앞에서 연출되는 야간레이저쇼를 즐기기도 하면서 오전에 지쳤던 몸을 달랜다.

　밤에는 싱가포르 최대의 나이트클럽이라는 '마퀴Marquee'도 살짝 엿본다. 입구에는 일정 좌석이 제공되는 VIP, 인터넷 예약자, 예약하지 않은 사람 등 3개의 줄이 있다. 우리 같이 예약하지 않은 관광객도 조금 더 비용을 내면 입장에 제약은 없다. 음악이 싱거워서 흥이 덜했는데 곧 DJ를 교체하니 조금 낫긴 하다. 사실 엄밀하게는 '노는 사람들' 구경이다. 생일 이벤트로 샴페인 병을 들고 입장하는 여성 행렬도 볼 수 있고, 런던아이London Eye와 같이 생긴 실내 소형 회전기구에 탑승해서 춤을 추는 일단의 무리도 본다. 돈까지 내고 사람 구경 실컷 하고 왔다.

이런 마리나 베이 샌즈는 어떻게 탄생하게 되었을까? 싱가포르가 영국과 말레이시아로부터 완전히 분리 독립한 것은 1965년이다. 싱가포르는 서울보다 조금 더 큰 도시국가이기에 부족한 국토 관리를 위해 국가가 철저하게 개입하였다. 그래서 토지의 90%가 국가 소유이며, 국민의 80%는 공공임대 아파트에 거주하고 있다. 그리고 계획적 관리를 위해 장기 비전 '콘셉트 플랜'과 '마스터 플랜'으로 나누어 관리하는데, 일부 매립지 위에 세워진 마리나 베이 샌즈도 바다를 메워 건설하겠다는 '콘셉트 플랜 1971'에 의해 탄생했다.

가든스 바이 더 베이

STPI를 찾다

다음 날 호텔 앞에 방치하다시피 놓여 있는 보테로Fernando Botero

의 조각품을 아쉬워하며 STPI(Singapore Tyler Print Institute)를 찾았다. 싱가포르강 변에 자리 잡은 이곳을 단순한 작가의 레지던스 (residence) 정도로 알고 있었다. 하지만 그 이상이었다. STPI는 타일러Tyler라는 작가가 설립한 워크숍과 갤러리, 그리고 레지던스의 공간이다. 때마침 갤러리에서는 일본의 유명 팝아티스트 다카시 무라카미 Takashi Murakami의 전시회가 진행 중이다.

갤러리 담당자의 호의로 외부인은 접근할 수 없는 곳까지 안내받게 되었다. 가장 먼저 안내받은 곳은 작가들이 작업을 수행하는 작업공간이다. 암실, 실크스크린, 암석 그라인드실 등 다양하고 규모도 큰 작업실이었다. 다양하고 충분한 작업공간을 갖추고 작가를 기다리고 있었다. 작가의 개인 작업공간은 둘러볼 수 없었지만, 입구 벽면에 많은 아시아계 작가들이 작업했던 기록이 남아 있다. 우리나라 작가로는 서도호, 전광영, 김범 등이 보인다. 이곳은 지원과 심사를 통해 입주작가를 선정하지 않고, 자체 논의를 거쳐 작가를 초빙하는 형식을 취하고 있었다. 또 민간조직이지만 한편으로 정부의 지원도 받고 있다고 한다. 일반인이 쉽게 접할 수 없는 실로 귀중한 경험을 하게 되었다.

젊은이들의 거리로 유명한 오차드 거리Orchard Road로 돌아와 명품의 건물, 각종 쇼핑센터를 둘러보다, 중간중간 눈에 보이는 대로 갤러리 문을 연다. 양 갤러리Yang Gallery, 오페라 갤러니Opera Gallery. 특히 오페라 갤러리는 서울 강남에도 갤러리가 있을 정도로 여러 나라에 갤러리를 보유하고 있다. 뷔페Bernard Buffet, 샤갈Marc Chagall, 마네Édouard Manet 외에 YBA의 데미안 허스트Damien Hirst, 특히 브라질리아Andre

STPI

STPI 내 작업공간

Brasilier의 작품이 많다.

싱가포르 도시갤러리에서 도시를 본다

차이나타운으로 향한다. 차이나타운은 전 세계 어디든 있고 또 비슷비슷한 콘텐츠를 가지고 있는 곳이라는 생각 때문에 별 흥미가 없었지만, '그래도'라는 마음으로 나섰다. 첫 방문지로 잡은 차이나 헤리티지 센터China Heritage Center는 그 중심에 자리 잡고 있었지만, 각종 가게와 뒤섞여 있어 찾기가 쉽지는 않았다. 우리의 근현대사박물관처럼 차이나타운이 형성되어 가는 과정과 그 시대의 물건과 생활상이 전시되고 있었다. 장소성(place identity)을 생각한다. 차이나타운은 측벽 공유 형태를 갖추고 있어 쇼핑몰로서도 손색이 없었다.

바로 이웃에 있는 힌두사원 시안 혹 켱 사원Thian Hock Keng Temple도 찾았다. 1842년에 건립되었고 2000년에 복원된 이 힌두사원은 유네스코 아시아태평양 문화유산으로 지정되었단다. 때마침 기도의식이 진행되고 있기도 하고 별 감흥도 없어, 더운 날씨도 피할 겸 점심 먹을 곳으로 유명한 야쿤 카야 토스트Ya Kun Kaya Toast를 찾았다. 차이나 광장China Square이라는 재개발된 고층 건물 옆에 소담하게 자리 잡고 있었다. 날달걀을 양념장에 풀어 거기에다 토스트를 찍어 먹는 방식인데 나름대로 맛이 있다. 함께했던 싱가포르 커피는 약간 마일드한 맛인데 자극적이지 않아서 좋다.

노천카페인지라 더위가 완전히 가셔지지 않았지만, 그래도 관광객이 쉴 수만은 없지 않은가. 택시를 타고 싱가포르 시티 갤러리Singapore City Gallery로 가 보기로 했다. 싱가포르 도시계획을 한눈에 알 기회가 되리라는 기대였다. 싱가포르 전체 모형과 미래 도시 개발 방향 등을 알기 쉽게 표현하고 있어 인상적이다. 다만 중국 상해의 그것보다 평면적인 설명이 많았고 구입할 수 있는 자료도 많지 않다.

싱가포르 도시갤러리 내부

도시의 환경 친화성을 보았다

느지막하게 아침 식사를 마치고 국립미술관National Gallery을 찾았다. 택시 기사의 착각으로 국립박물관National Museum까지 갔다가 겨우 돌아왔건만 미술관은 오늘 개방하지 않는단다. 내일이 8월 9일 국경일National Day이다. 말레이시아에서 분리, 독립한 날을 기념하는 국경일인데, 그 예행연습을 위해 폐쇄되었다니 아쉽다.

다시 오차드 거리Orchard Road로 돌아와 싱가포르 관광 코트Singapore Tourism Court를 찾았다. 우리에게는 관광청 정도로 알려져 있는데, 어떤 관광 관련 시설들이 집단으로 들어서 있는 것일까? 관광위원회tourism board, 호텔, 여행자 클럽, 관광도서관Tourism Resource Center 등 관광 관련 시설이 모두 들어선 건물이다. '올 댓 관광(all that tourism)'을 얼마나 중시하는지 상징적으로 보여 주는 듯하다.

거기서 전철역까지 걸어오면서 보도와 건물의 공개 공간(open space)과의 조화가 참 재미있다는 생각이 든다. 우리의 경우 지자체가 관리하는 도로와 개인 소유의 대지와 엄격히 구분된다. 관리를 원활하게 할 수 있도록 구분도 단순하다. 그런데 이곳은 도로와 개인 소유의 대지와 구분이 어려울 정도로 곳곳에 조경 공간이 마련되어 있다. 이를테면 보도에 있던 녹지가 자연스레 이어져 건물 앞 조경 공간과 연결된다. 어디가 공공이 관리하는 녹지이고 어디가 건물주가 관리하는 조경 공간인지 알 수가 없을 지경이다. 도로변 가로수가 마치 공원의 정원수처럼 키 높은 나무들이 즐비하다.

또 시내를 다니다 보면 식민지 시대 건물과 현대식 건물이 공존하면서도 조화를 이루고 있었다. 건물 이용도 우리의 주상복합과 유사하게 건물의 고층부는 주거, 저층부는 비주거 용도로 사용되고 있는 것이 일반적이었다. 그런 고층 건물의 중간층에 개방된 형태의 휴게공간이나 녹화 공간이 있다. 과감하게 환경 친화성을 담아 조화를 도모하는 예도 많다. 아예 건물 전면부에 수(水) 공간을 확보하여 세심하게 미기후 관리를 하는 듯하여 인상적이다. 싱가포르 시티 갤러리 Singapore City Gallery에 조경 관련 책자가 많았던 것과 무관하지 않은 것 같다.

식민지 시대 건물과 현대식 건물의 공존

건물 저층부의 녹지공간

군 병영을 창작 공간으로

길만 바락스Gillman Barracks는 1936년까지 병영으로 사용하던 곳이다. 이를 개조하여, 2012년에 시각예술 클러스터Visual Art Cluster 조성에 착수하였다. 작가의 국적 경계는 없지만, 주로 동남아시아 작가들을 위한 갤러리와 전시 공간 중심이다. 싱가포르가 경제적 부를 바탕으로 동남아 예술을 선도하고자 하는 열의가 엿보인다. 비어 있는 공간도 많고 전시 작품의 수와 질이 월등하지는 않지만, 젊은 작가는 물론 저명작가의 작품 전시회가 공존하고 있어 그 위상을 알 수 있다.

너무 더워서 호텔로 돌아와 원기를 회복하고, 저녁 6시가 되어 다시 길을 나섰다. 먼저 강변에 있는 클라크 퀘이Clarke Quay이다. 창고를 개조하여 식당, 카페, 술집들이 들어서 있다. 즐기고 싶었지만 미루어 두기로 했다. 인근에 노점상을 집단화시켜 관리하는 에스플러네이드-베

길만 바락스 전경

길만 바락스 내 전시 공간

클라크 퀘이

이 극장 옆의 호커 센터(hawker center)가 있기 때문이다. 마칸수트라 글루턴스 베이Makansutra Gluttons Bay라는 이름을 가진 호커 센터이다. 노점상을 집단화시켜 푸드 코트 형식으로 꾸며 위생관리를 하며 관광 상품화하는 일거양득의 이익을 누리는 듯하다.

저녁을 먹고 쉬고 있다가 밖이 소란스러워서 보니 국경일National Day을 앞두고 불꽃놀이가 벌어지고 있었다. 황홀한 광경을 바로 눈앞에서 보게 되는 우연한 행운은 두고두고 기억되리라.

다문화 중심으로 가다

싱가포르에서 마지막 날이다. 자연히 아침부터 서두르게 된다. 오늘은 부기스Bugis역 인근의 아랍 거리Arab Street를 목적지로 정했다. 술탄 모스크Sultan Mosque가 첫 방문지이다. 정오 이전에는 입장이 가능했다. 정오부터 오후 2시까지는 종교행사를 위해 출입이 제한된다. 역시 치마나 짧은 바지를 입은 사람들은 출입할 수 없다. 하지만 그곳에서 제공하는 긴 옷을 걸치면 입장이 가능하다. 아랍문화를 처음으로 접해 본지라 생경하지만, 종교 냄새가 짙게 배어 있다. 벽에는 기도 때마다 암송하는 주기도문 같은 문구가 적혀 있다.

"Allah is Great(4 times)

I witness that There is no god except Allah(2 times)

I witness that Muhammed is a messenger of Allah(2 times)

Come to prayer(2 times)

Come to Success(2 times)

Allah is great(2 times)

There is no god except Allah(1 time)"

모스크 주변에는 아랍 냄새가 물씬 나는 상점가가 형성되어 있다. 노쇠한 노인이 운영하는 조그만 식당에 들어가 차와 식사를 주문한다. 향토색을 띠는 차는 진저 티(ginger tea)에 아보카도를 넣은, 색다른 맛의 차이다. 식사로 주문한 나시 레막Nasi Lemak에는 바나나 잎에 쌀밥, 고추장, 멸치에다 조그마한 생선 한 마리도 함께 들어가 있다. 우리의 음식 맛과 크게 다르지 않으나, 밥이 잘 뭉쳐지지 않아 자주 흘리게 되는 단점이 있다. 식사 후 찾게 된 하지 레인Haji Lane은 오기 잘했다는 찬탄사를 연발할 만큼 인상적이다. 벽화, 소규모 가게와 다양한 카페가 자리 잡은 이 골목길은 밤에 오게 되면 더욱 흥미진진할 것이라는 기대를 하게 된다.

다문화 시대를 맞아 우리도 일상생활 속에 다문화 공간이 함께할 수 있기를 기대해 본다. 이슬람을 믿는다는 싱가포르 택시 기사가 하소연하던 일이 생각난다. 언젠가 한국을 방문하였을 때 여타 다른 국가와는 달리 한국에서는 돼지고기를 먹지 않는 이슬람교도로서 매우 불편하였다는 것이다. 최근 이슬람 사원 건립 문제가 쟁점이 되었던 사례도 기억난다.

그리고 마지막 일정은 센토사Sentosa로 잡았다. 워터프론트Waterfront 역에 내려 모노레일Sentosa Express을 이용하여 가장 안쪽에 자리 잡은 비치 스테이션Beach Station에 내린다. 걸어서 수족관Underwater을 구경하기도 하고 어마어마한 높이의 케이블카를 타면서 센토사 전체 전경도

하지 레인

둘러본다. 기념품점, 카지노까지 구경하고 다시 지하철이 있는 비보 시티Vivo City 쇼핑몰도 일견한다.

센토사 케이블카

호텔에서 맡겨 놓은 짐을 찾아 공항을 향한다. 그런데 귀국길의 창이공항에서 특이한 점 때문에 혼란스럽다. 세관 짐 검사가 게이트마다 있고 또 탑승 시간이 임박해 검사해서 이용객들은 유리로 구분된 통로에서 계속 기다려야 했다. 또 일단 짐 검사가 끝났더라도 화장실을 가려면 바깥으로 나왔다가 다시 줄을 서서 몸 검사를 받아야 한다. 불편하기 이를 데 없다. 자연스레 싱가포르에 대한 긍정적 평가가 많이 퇴색되었다. 공항은 도시의 얼굴이자 마지막이라는 느낌이다. 그런데 최근 세계 공항 평가에서 또 1위를 차지했다. 공항 내 많은 친환경

시티도슨트

적인 조경 공간과 휴식, 다양한 볼거리와 즐길 거리가 이유로 꼽혔다.

참고문헌

1. 성유경, "싱가포르 도시정책, 성공 요인은 무엇인가", 한국건설산업연구원, 스페셜리포트 6호, 2018
2. 송하엽, 《랜드마크; 도시들 경쟁하다》, 효형출판, 2017

10. 홍콩 Hong Kong

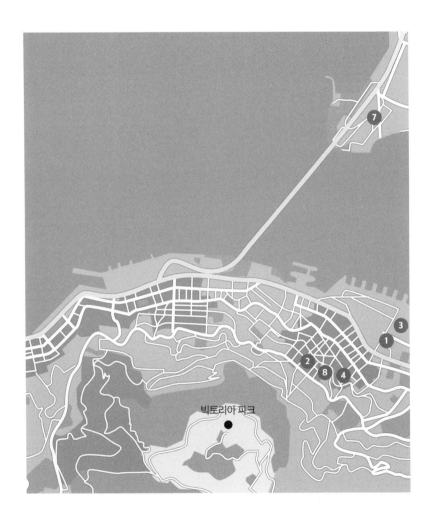

빅토리아 파크

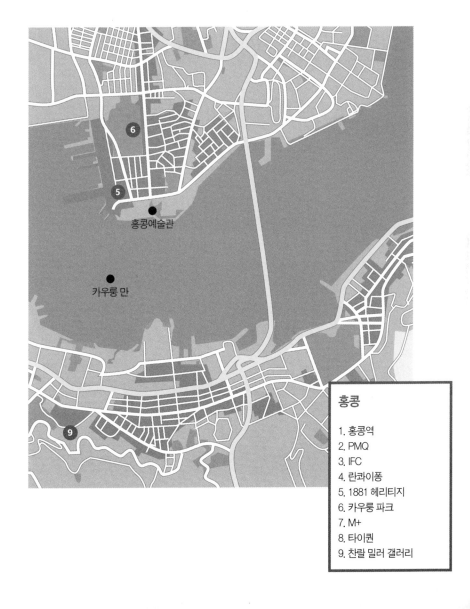

홍콩예술관

카우룽 만

홍콩

1. 홍콩역
2. PMQ
3. IFC
4. 란콰이퐁
5. 1881 헤리티지
6. 카우룽 파크
7. M+
8. 타이퀀
9. 찬랄 밀러 갤러리

위기에 처한 홍콩

홍콩Hong Kong은 아편전쟁의 결과에 따라 1898년 영국에 정식으로 99년 동안 임대를 하게 된다. 긴 99년이 지나 홍콩은 1997년에 중국에 정식으로 반환되어 지금은 중국의 특별행정구의 지위를 얻고 있다. 최근 중국 정부의 지나친 간섭으로 인해 홍콩에서 민주화운동이 일어나고 있지만, 당국은 강경 진압으로 일관하고 있다. 게다가 코로나에 대한 강경 대처로 복합적인 위기에 처해 있다.

숫자를 보면 더욱 명확해진다. 연평균 6천만 명대 외국 관광객 수가 2022년에는 60만 명대로 100분의 1수준으로 급감하였다. 관광산업에 대한 의존도가 높은 홍콩으로서는 치명적인 실적이다. 최근 들어 계속 GDP 마이너스 성장을 기록했고, 2023년에는 3%대의 성장이 예상되는 정도이다.

홍콩은 해외 의존도가 높은 도시였고 자유 분망한 도시였다. 하지만 홍콩은 중국으로 반환된 이후 불안한 정치경제적 상황과 코로나 시국으로 심각한 어려움을 겪고 있다. 홍콩은 이 위기를 어떤 도시정책으로 극복해 내려고 하고 있을까?

예년에는 4시간의 비행시간 동안에 우리나라 말이 많이 들렸다. 하지만 지금 홍콩으로 오고 가는 비행 편수도 많이 줄었고 크기도 중소형이다. 좌석도 빈 곳이 보일 정도로 한가하다. 비행기 안도 사뭇 긴장된 분위기이다. 다시 코로나 환자가 늘어난다는 소식에 양국이 서로

검역을 강화하고 있는 까닭이기도 하다. 아직 정상화까지는 시간이 걸릴 듯하다.

지금은 공항을 옮겼지만, 20년 전에 빌딩 숲 사이를 뚫고 아슬아슬하게 착륙하던 때가 생각난다. 내 기억에 남아 있는 지난 홍콩 여행의 편린에 젖어 있을 즈음 홍콩 첵랍콕Chek Lap Kok 국제공항에 도착했다. 홍콩에 입국할 때 코로나 관련 검역이 없어 불편함이 없다. 고속철도(AEL)로 홍콩역 Hong Kong Station에 30여 분 만에 도착했고, 입체환승주차장이라 자동문 하나만 밀고 나가면 바로 그 자리에서 여러 방향의 호텔 버스에 탑승할 수 있다. 지금은 코로나로 인해 그것도 임시 중단된 상태이다.

홍콩역 입체환승주차장

서구룡문화지구를 가다

지하철(MTR)로 갈아타 호텔에 도착하자마자, 짐을 방에 던져 놓고 바로 서구룡문화지구West Kowloon Cultural District를 찾아 나선다. 홍콩은 봄에 아시아 최대 규모의 아트페어인 〈홍콩 아트바젤Art Basel in Hong Kong〉을 개최할 정도로 예술에 관해 관심이 높은 도시이다. 게다가 코로나 시국에도 불구하고 엄청난 문화기반시설과 문화지구를 만들어냈다. 구룡반도 서쪽 끝 인근의 40만㎡ 간척지에 거대한 문화공간을 조성하였다. 대단위 녹지를 조성하고 중간중간에 17개의 공연, 전시 문화시설이 들어서기로 했던 것이다. 중국 전통극 공연장인 시취 센터Xiqu Centre가 가장 먼저 개관했고, 아직도 한쪽에서는 공사 중이다.

먼저 홍콩 고궁박물관Hong Kong Palace Museum부터 찾았다. 가장 최근인 2022년에 개관하였는데, 중국 베이징 고궁박물관의 소장품을 대여해 운영하고 있다. 건물 외관은 자금성 황금 기와와 대나무에서 아이디어를 얻어 그 특성으로 삼은 듯하다. 9개의 갤러리에는 중국의 도자, 의류, 초상화 등이 소개되고 있다. 특히 당나라 때의 도자에서 우리 청자와 같은 비색이 연출되고, 명나라 때에는 화려한 색조의 도자가 등장한 것을 보고 놀라움을 감출 수 없다.

서구룡문화지구 내 홍콩 고궁박물관

해변 산책로를 걸어 현대 공연 공간인 프리스페이스Freespace를 거쳐 M+에 다다른다. 2021년에 개관하였는데, 헤르조그와 드 뫼롱Herzog & de Meuron의 설계 작품이다. 이 듀오 건축가는 건축재료의 물성을 이용하여 장소의 특정성을 드러내고 그러면서도 자칫 성립하기 어려운 '극추상의 객관성'을 도모하는 대표 건축가로 알려져 있다.

서구룡문화지구 내 M+

전시 작품은 건축, 가구디자인 등 다양한 현대 시각예술까지 영역을 넓혔다. 어지간한 중국 작가는 다 망라되었고 아시아 작가를 포함한 글로벌 작가의 작품을 선보이고 있다. 특히 관심을 끌었던 것은, 시그 컬렉션Sigg Collection에서 '혁명에서부터 세계화까지'라는 주제로 중국 현대 미술 40년을 조망하고 있었던 것이다. 그러면서 1980년대 중반의 진보적인 자유 예술운동도 과감하게 소개하고 있어 눈길을 끈다. 왕징웨이Wang Xingwei의 〈혁명사History of Revolution〉라는 작품이 눈길을 끈다. 3개의 판넬로 구성되어 있는데, 리우 춘후아Liu Chunhua의 〈마오쩌둥, 안위안으로 가다Chairman Mao goes to Anyuan〉, 자크 루이 다비드Jacques-Louis David의 〈마라의 죽음The Death of Marat〉을 차입하여 혁명의 역사를 다시금 생각하게 한다.

M+ 내의 왕징웨이의 작품 〈혁명사〉

  두 박물관의 공통점이 있다. 해변에 있는 입지적 특성을 고려하여 전시 공간 사이의 통로나 전시 공간 한 면을 바다에 내어주고 있다. 이렇게 휴게공간을 배치하여 잠시 감상의 열기를 식히면서 휴식 시간을 가질 수 있도록 한 것이 인상적이다.

  또 두 박물관과 인근 지하철 역사를 연결하는 무료 셔틀버스를 운행하고 있어 문화지구로서 네트워크를 유지하고 있다는 점이다. 그리고 또 있다. 두 박물관의 전시가 궁극적으로 중국 예술과 지난 번영에 대해 자부심을 담아내려 하고 있었다는 점이다. 정치적 불안정을 문화예술로 만회하고 포장하려는 듯하다. 대규모 시설과 중국 중심의 콘텐츠, 그리고 조직적 운영이 올림픽 경기와 비슷하게 '문화올림픽'을 개최하는 듯한 양상이다.

                시티도슨트

M+ 휴게공간

구도심 침사추이를 찾다

오후에는 젠사쥐尖沙咀로 진출한다. 영어식 표현에 따르면 침사추이Tsim Sha Tsui라고도 불리는데, 우리에게는 영어식 표현이 익숙하다. 홍콩의 쇼핑 중심지이자 구도심에 해당하는 침사추이에는 바다에 면한 공연장과 전시관이 자리 잡고 있다. 먼저 홍콩예술관Hong Kong Museum of Art에 다가갔다. 2층에 호안 미로Joan Miro 기획전시를 빼고는 한자, 중국 역사에 기록된 문물 거래를 소개하는 '중국 알리기' 수준이다. 수년 동안 리모델링하여 재개관한 것을 생각해 보면 아쉽기만 하다.

홍콩예술관

해변가 산책로를 따라 걷다 보면 빅토리아 도크사이드Victoria Dockside를 만나고, 여기에 들어선 복합예술 소매콘셉트의 〈K11 MUSEA〉도 만날 수 있다. 입구 로비의 일본 작가 시오타 치하루塩田千春의 설치작품이 압권이다.

그러나 역시 쇼핑상가답게 구매로 유도하려는 시도가 눈에 보인다. 에스컬레이터를 바로 연결하지 않고 반드시 뒤로 돌아가서 타게 하거나 다른 곳으로 이동하게 한다. 곳곳에 조각 공원, 반려견 산책공원 등과 같은 다양한 콘셉트를 집어넣었고 명품 코너도 빠지지 않았다. 지하 2층에는 다양한 먹거리의 식당가도 조성해서 종일 시간을 보낼 수 있게 하고 있다.

도심을 산책하는 기분으로 도심 이곳저곳을 헤맨다. 해양경찰 건물을 리모델링한 '1881 헤리티지Heritage'는 쇼핑과 식사를 위한 복합 쇼핑몰로 변모시켜 인기가 높다. 빅토리아 양식의 기존 벽돌 건물을 허물지 않고 내부화하여 리모델링하면서 고풍스러운 모습을 간직하고 있다.

1881 헤리티지

여기서 가까운 거리에 있는 카우룽 파크Kowloon Park는 도심에서 마치 정글처럼 관리되고 있었다. 고층빌딩이 넘치는 도심 한복판에 어떻게 이런 고색창연한 공원이 가능하단 말인가. 새 공원도 있고 스포츠 공간도 자리 잡고 있는데 이용객 표정은 하나같이 여유가 넘친다. 깊고 풍성한 숲이 주는 여유는 먼 나라 관광객에게도 편안하다. 우리의 공원은 휴식보다는 이용자 편의성에 집착하는 저간의 현실이 아쉬운 대목이다.

카우룽 파크

홍콩섬에서 재생을 만나다

김밥으로 요기를 하고 스타 페리Star Ferry를 타고 홍콩섬Hong Kong Island으로 들어온다. 먼저 센트럴-미드레벨 에스컬레이터Central-Mid level Escalators를 이용했다. 도심 저지대와 고지대주거지역을 에스컬레이터로 연결하고 있는데 오르막 지형으로만 운행하고 있었다. 고급스럽지는 않지만, 이용하는 주민들로 넘쳤고 또 만족스러운 듯하다. 얼마 전 부산의 '초량 이바구길'에도 모노레일이 등장했지만, 이런 신교통수단 등장은 관광객이 아니라 거주민들이 얼마만큼 만족하느냐에 초점을 모여야 할 것이다.

센트럴-미드레벨 에스컬레이터

미드레벨 에스컬레이터를 이용해서, 소호Soho 인근에 2018년 개관하여 새로운 명소가 된 타이퀀Tai Kwun으로 간다. 우리의 마사회와 같은 홍콩자키클럽Hong Kong Jockey Club과 홍콩 정부가 파트너십으로 만들어낸 비영리 모델이다. 과거 경찰청, 법정, 감옥으로 이용되었던 곳이 복

시티도슨트

타이쿤의 〈JC Cube〉

합문화공간으로 변신했다. 대부분 옛 모습으로 복원하였다. 감옥은 물론이고 입감 장소, 임시시신 안치대까지 사실감 있게 복원하여 흥미롭다. 새롭게 들어선 건물도 있다. 헤르조그와 드 뫼롱이 설계한 미술관 〈JC Contemporary〉와 〈JC Cube〉가 그것이다. 〈JC Contemporary〉에서는 '신화를 만드는 사람들Myth Makers'이 전시 중이다. 기이한 신화, 육체 정치학, 어둠의 미래를 젊은 작가들이 실험적으로 표현하고 있다.

토요일 오후에 사람들로 가득하다. 그리고 소호에는 비로소 외국인들이 제법 많이 보인다. 바로 소호Soho의 'PMQ(Police Married Quarters)'로 향한다. 역시 도시재생사업으로 유명한 사이트이다. 이름처럼 과거에 기혼경찰관 숙소로 사용되었던 곳인데, 2000년부터 방치되었던 건물을 디자이너와 건축가들이 협력하여 창의 공간으로 변모시켰다. 의류, 음식, 헤어, 예술 그리고 다양한 디자인 사무실이 들어서 있고 판매가 병행되고 있다. 하지만 옛 명성에 비해 많이 위축된 분위기이다.

제법 빈 가게도 보이고 유명 식당도 문을 닫았다. 가까운 거리에 있는 타이쿤의 개관 영향이 크지 않았나 싶다. 그러니 재생은 언제나 진행 형이어야 하는 것이다.

지하철로 金鐘Admirality역에서 홍콩섬 남쪽에 위치한 윙척항Wong

PMQ

소호의 거리벽화

Chuck Hang역으로 이동한다. 역 일대를 남쪽섬문화지구South Island Cultural District라고 하는데, 낡은 창고 건물과 공장 건물이 들어서 있던 곳에 갤러리가 함께 자리 잡기 시작했다는 것이다. 찾아와서 보니 창고와 공장 건물이 저층 건물이 아니라 고층 건물이었다. 그러니 가늠하기 쉽지 않다. 결국 서울 을지로 인쇄골목에서 와인바를 찾듯이, 느낌이 오는 건물을 무작정 들어가 물어보는 방법이 최선이다. 첫 번째 갤러리는 2층에 입주해 있었다. 전시회는 진행 중인데 반기는 사람도, 관람객도 없다. 두 번째는 낡은 건물 19층에 있는 화랑인데 문이 굳게 닫혀 있다. 계단으로 내려오면서 보니 영업하고 있는 층이 얼마 되지 않는다. 이 정도에서 만족하고 발길을 돌리기로 했다.

웡척항역 주변 공장 건물

웡척항역 공장 건물의 갤러리

찬탈 밀러 갤러리

찬탈 밀러 갤러리 인근의 포대

시티도슨트

이어 아시아 소사어티 홍콩Asia Society HK에 있는 '찬탈 밀러 갤러리 Chantal Miller Gallery'를 찾아 발품을 판다. 교통편이 여의치 않아 급경사를 힘들게 걸어 올라갔지만, 현재는 전시회가 끝났고 휴관 중이다. 굳이 찾았던 이유는 과거 영국군의 탄약고였는데 이곳을 갤러리로 변신시켰기 때문이다. 주변은 마치 정글처럼 녹음이 우거졌고 포대까지 복원하여 이곳이 탄약고였음을 확인해 준다. 도시재생의 대상과 결과는 제한이 없다 싶다.

사이잉푼Sai Ying Pun역 인근에는 유명한 '아트레인ArtLane'이 있다. 홍콩 및 세계적인 작가들이 의기투합하여 거리미술을 선보이고 있다. 그리 넓지 않은 면적에 재미있는 벽화가 그려져 있다. 다양한 소재의 그림을 선보이고 있어 마치 작품 전시회에 온 듯하다. 하지만 이런 형형색색의 벽화를 옆에 두고 힘겹게 계단을 올라가는 노인의 뒷모습을 보고 아련해진다.

아트레인

'불금'에 란콰이퐁을 찾다

매일 저녁 8시가 되면 10분간 홍콩은 빛의 향연장이 된다. 홍콩의 심포니 오브 라이트(Symphony of Light)라고 한다. 홍콩섬과 침사추이의 고층 건물에서 현란하게 빛이 춤춘다. 눈요기는 분명한데, 권위주의 정부여서 가능한 일이 아닐까 싶어 한편으로 씁쓸한 기분이다.

홍콩 심포니 오브 라이트

밤이 깊어져서 젊음의 거리, 란콰이퐁Lan Kwai Fong으로 찾아 나섰다. 숨 가쁜 일정에도 불구하고 홍콩에서 불태울 마음의 준비는 되어 있었다. 먼저 란콰이퐁Lan Kwai Fong에 있는 프린지클럽Fringe Club에서 재즈기타 공연을 보기로 했다. 공연은 밤 9시 30분부터이다. 명품관이 몰려 있는 랜드마크 몰 아트리움The Landmark Mall, Atrium을 지나 냉동창고를 개조한 프린지클럽 건물 앞에 도착했다. 현재는 그 건물이 문화재로 지정되어 있단다. 그런데 말이 공연이지 와인이나 맥주와 같은 주류가 제공되다 보니 곳곳이 소란스럽고, 서서 공연을 보는 사람들까지 늘어나 집중이 어렵다.

프린지클럽 공연

    드디어 '불금' 밤 11시에 젊은이들은 이곳에서 살아났다. 여러 연유로 홍콩에서 일자리를 가지고 있는 외국인이 많다. 글로벌 금융산업 종사자에서부터 파출부 노동자까지 다양하다. 이들에게 란콰이퐁은 '불금'의 성지 같은 곳이다. 이곳저곳을 기웃거리다 찾은 곳이 어느 카페. 잭콕 한 잔에 음악을 즐길 수 있다. 연주음악이 시큰둥해지면 다른 클럽을 찾아 나설 수 있다. 굳이 술을 마실 필요는 없고 플로어에서 몸을 흔들면 된다. 뭇 남녀 간에 셀 수 없는 눈길도 오고 간다. 새벽 1시를 넘기고 거리로 나섰지만, 여전히 도로는 젊은이들에게 점령당해 있다.

란콰이퐁 거리

홍콩의 일상을 보다

아침 산책을 겸해 호텔 주변을 둘러본다. 일정한 도보권 내에 주거는 물론 주민편의시설과 공공시설을 배치함으로써 주민 생활의 편의를 도모한다는, 근린주거(neighborhood unit) 개념을 그대로 확인할 수 있다. 주상복합아파트로 둘러싸인 중심공간에는 버스정류장, 소공원이 자리 잡고 그 주변에 학교, 호텔 등이 배치되어 있다. 상가는 식당, 유치원, 의원, 하물며 경마 마권을 살 수 있는 점포도 입주하고 있다. 마권 구매 점포는 노인들이 많이 찾고 있었다. 서울의 탑골 공원과 그 주변을 서성이는 우리의 노인을 생각하게 한다.

돌아다니다 보니 홍콩에서 몇 가지 눈길을 끄는 특징을 확인할 수 있다. 25층을 초과하는 고층 건물의 경우 20~25층마다 피난층을 설치하고 있다. '저것이 다 돈인데' 싶지만 사람 생명보다 더 우선해야 할 것은 없다. 건물에 가치와 철학이 들어가 있다.

또 리펄스 베이Repulse Bay에 갔을 때이다. 이곳은 인공적으로 모래를 실어 날라 만들어진 해수욕장과 고급주택가로 유명하다. 레지던스(residence)로 지어졌다는 백합 모양의 멋진 건물이 눈길을 끈다. 하지만 나에겐 자연 친화적인 축대 처리가 눈에 더 들어온다. 콘크리트 중심의 우리 축대 처리와 비교가 된다. 지하철 출입구 옥상에 식물을 심어 놓았던 것도 기억난다.

소공원, 버스정류장과 그를 둘러싼 주상복합

미식가의 도시에서 최고의 맛을 경험하다

느지막하게 아침 식사를 마치고 게으름을 피우기로 했다. 욕심이 앞서는 여행 일정에서 휴식은 결코 낭비가 아니다. 편안한 마음으로 점심 약속에 맞추어 길을 나선다. 일요일 10시경에 센트럴Central역의 통로와 지하광장을 동남아 출신 파출부 노동자, 특히 여성 파출부 노

25층마다 설치된 피난층

자연친화적인 축대

동자들이 점령했다. IFC(International Finance Centre)로 향하는데, 공중보행통로도 이들로 만원이다. 그 외에도 편편하고 그늘진 곳이면 어김없이 이들이 차지하고 있었다. 침사추이Tsim Sha Tsui역 주변과 구룡공원에는 히잡을 쓴 여성들이 많다. 아마도 인근에 이슬람 사원이 입지하고 있기 때문이다 싶다.

시간이 지나면서 점차 이들은 그들만의 시간을 즐기고 있었다. 보행인들의 시선을 아예 의식하지 않고 음식도 나누어 먹고 카드놀이 등으로 시간을 보낸다. 애환도 달래고, 정보도 교환하면서 이야기꽃을 피운다. 수년 전에 비해 그 위세가 다소 위축되긴 했지만, 아직도 만만치 않다.

건축가 리처드 로저스Richard Rogers는 수십 년 동안 대중의 공간인 공공 공간은 무시되거나 사라졌다고 경고한다. 모든 사람이 참여할 수 있는 '열린 공간'을 공급함으로써 공동의 가치를 제공하고 다양한 계층을 하나로 묶을 수 있다고 주장한다. 외국인 노동자와 다문화가족이 늘어나는 우리 사회도 앞으로 계획적 대응이 필요한 대목이겠다.

공중보행통로의 다국적주민

인도를 가득 채운 다국적주민

　드디어 도착한 점심 식사 장소는 드레스 코드를 요구하는 호텔 내 식당이다. 홍콩은 미식가들에게도 유명한 도시이니만큼, 그 실체를 파악하려면 제대로 먹어 보자는 심사에서 고른 곳이다. 미슐랭에서 최고 등급을 받기도 했다는 이 식당은 매 음식이 나올 때마다 설명을 곁들이며 최고의 친절을 베풀고 있다. 음식 하나하나에서 맛과 정성이 어떤 것인지 보여 주는 듯하다. 여행 중에는 특별히 음식을 가리지 않지만 잊히지 않는 훌륭한 맛의 경험이었던 것만은 분명하다. 어느 도시든 최고 맛의 음식을 맛볼 수 있으려면 결국 돈이 있어야 하는구나 싶다. 통로를 가득 메웠던 파출부 노동자들의 얼굴과 겹치며 마음이 썩 편치 않다.

　지금은 자유롭게 입출국이 허용되지만, 당시 홍콩에서 출국하려면 PCR 검사 결과물을 제시해야 했다. 예약사이트로 가서 예약하고 직접 검사를 받았다. 그리고 음성이 나온 결과를 우리나라 Q-code에 입

력해야 한국 입국도 가능했다. 출국을 위한 모든 준비 절차를 마치고
도 혹시나 해서 서둘러 공항에 도착한다. 의외로 간단한 출국 수속에
시간이 많이 남았다. 가만히 생각할 여유가 생겼다.

지난 수년 동안 홍콩 침사추이에 홍콩예술관도 재개관하고 인근에
대규모 쇼핑몰도 들어섰다. 매립지 전체를 엄청난 규모의 문화지구로
조성하였다. 홍콩의 명소라고 해서 수년 전에 찾았던 곳과는 완전히
달라졌다. 코로나 시국에서도 홍콩은 그냥 있지 않았던 모양이다.

이렇게 훌륭한 문화기반시설과 도시재생사업으로 홍콩을 탈바꿈
시켰지만, 도시는 활력을 회복하지 못하고 있는 듯하다. 코로나에 대
한 강력한 대처에도 그 이유가 있겠지만, 정치·경제적 압제에도 그 요
인을 찾을 수 있겠다. 도시 활력의 기반은 궁극적으로 안정적인 정치·
경제적 체제가 전제되어야 하는 것은 분명한 듯하다.

참고문헌
1. 리처드 로저스·필립 구무치안, 이병연 역, 《도시 르세상스》, 이후, 2005

11. 서울 Seoul

경복궁

남산

용산 공원

서울

1. 세운상가
2. 도심 영세공장 밀집지역
3. 익선동
4. 낙원동
5. 홍대입구
6. 리움 미술관
7. DDP
8. 부암동
9. 성북동
10. 해방촌
11. 정동

2000년 역사의 600년 도읍지

도시마다 널리 알려진 랜드마크(landmark)가 있다. 뉴욕의 엠파이어스테이트 빌딩, 파리의 에펠탑, 베이징의 천안문. 서울에서는 경복궁이나 남산이 여기에 해당할 수 있겠다. 물론 이런 랜드마크에 감동할 수도 있겠다. 하지만 다른 외국 도시에서는 느낄 수 없고 오직 서울만이 간직하고 있는 특성, 역사와 문화예술을 피부로 생생하게 느낄 수 있는 곳을 소개해 준다면 더없는 감동이지 않을까.

감동의 첫술은 서울의 도시 역사를 개괄적으로 이해하는 일에서 비롯된다 싶다. 서울의 역사는 한성백제까지 거슬러 올라가면 2000년이라고 할 수도 있겠다. 하지만 한성백제 때는 토성 형태에다 왕궁지가 없어 제대로 품격을 갖추지 못하고 있었다는 것이 정설이고 보면, 조선이 개국하면서 한양 서울을 수도로 정한 1394년을 탄생일로 볼 수 있겠다. 그러니 수도 서울의 나이가 620살을 넘어섰다고 할 수 있다.

1394년 서울에 정도(定都)하면서 풍수지리와 음양오행에 의해 도성과 중요시설을 배치하였다. 내사산, 즉 북악산, 남산, 낙산, 인왕산을 연결하는 도성을 쌓고 그 가운데에 도읍을 건설한다. 도읍은 궁궐을 북쪽에 두고(宮闕北立), 왼쪽에 종묘 오른쪽에 사직을 배치한다(左廟右社)는 원칙 등에 따라 건설되었다.

일제 강점기가 되면서 근대적 도시계획이 적용된다. 인구 급증과 지가 급등에 대응하여 1934년 우리나라 최초의 근대 도시계획법이라 할 수 있는 〈조선시가지계획령〉이 제정된다. 이 법에 근거하여 1936년에

〈경성 시가지 계획〉을 수립한다. 〈조선시가지계획령〉은 1962년 〈도시계획법〉과 〈건축법〉이 제정되면서 폐지된다. 그리고 해방 이후 서울 최초의 도시계획은 한국동란이 휴전하기 1년 전인 1952년에 수립된 〈서울시 도시재건계획〉이다.

1960년대 이후 산업화 시대에는 서울에 인구와 시설의 밀집이 가속화되었고, 구시가지는 포화상태에 이르렀다. 이에 〈영동 토지구획정리 사업〉을 통해 오늘날 '강남'이라고 불리는 곳을 개발하여 적극적으로 분산정책을 펴기 시작했다. 명문사학을 강남으로 이전시키고 법조 단지 건설 등 대규모의 정부 기관을 이전시켰다. 또 강남에 공무원 주택 단지를 짓고 강남지역의 건축에 대한 면세나 감세의 혜택을 주면서 발전을 이끌었다. 하지만 이제는 서울 강남·북의 불균형이 역전이 되었다. 강남구의 지역총생산이 강북구에 비해 21.6배 많다. 아파트 가격에서 강남, 서초, 송파의 강남 3구 평균이 여타 자치구 간 1.9배의 격차를 보인다. 또 다른 고민거리를 안고 있는 현실이 되고 있다.

서울 한복판의 뜬금없는 세운상가

1968년에 세운상가가 완공되었을 때는 1인당 국민소득이 169달러에 불과하고 서울 인구수는 380만 명에, 주택 부족률은 50%에 달하던 지극히 고단한 시절이었다. 그때 서울 종로에서 퇴계로에 이르는 총면적 44,650㎡, 전체 면적 205,536㎡의 모두 4개 건물, 8개의 상가 아파트군이 들어선다. 2,007개의 점포 및 사무실(호텔 객실 177개 제외)에다 주거용 아파트가 851개 이르는 우리나라 최초의 주상복합건물 단지이다. 이런 단지를 설계했던 건축가는 김수근이다.

세운상가가 들어선 부지는 원래 일제 강점기에 조성된 소개공지대(疏開空地帶)였다. 비행기 공습으로 인해 발생하는 화재에 대응하기 위해 만들어 놓은 빈 땅이었다. 이후 주인 없는 빈 땅은 해방과 전쟁으로 방치되어 있다가, 사창가와 무허가 판자촌을 형성하게 된다. 이를 일시에 정비하기 위해 탄생한 물리적 구조물이 세운상가라고 할 수 있다. 이런 전략은 재개발사업을 통해 도심 개발을 도모하고, 직장과 집이 가까이 있어야 한다는 근린주구 개념을 도입한 주상복합의 이상을 실현하려는 시도로 평가될 수 있다.

당대의 주목과 관심 속에 출발했던 세운상가는 반세기 이상이 지나 노후화되면서 서울의 숙제가 되었다. 그동안 많은 전문가의 식견과 시장의 정책적 성향에 따라 다양한 정비계획이 등장하였다. 세운상가와 주변의 공장 밀집 지역을 함께 개발하자는 정비안, 세운상가와 노후화된 주변 공장 밀집 지역을 별도로 나누어 정비하자는 아이디어 등이다. 후자도 공장 밀집 지역을 대규모로 개발하자는 안과 중소규모로 정비하자는 안으로 또 나누어지기도 한다.

세운상가 데크의 식음료 가게

세운상가 내부 아트리움

　서울의 도심을 차지하고 있는 영세제조업과 공구상가를 지난 반세기 동안 '도심 부적격기능'이라 규정하고 끊임없이 외곽으로 내보는 정책을 펴왔다. 하지만 그 성과는 극히 미미했다. 결국 실패한 도심 부적격기능 정비정책을 반성하고 산업재생을 위한 구체화가 시도되고 있다.

　도시재생사업의 일환으로 세운상가의 덱(deck)을 연결하여 종묘에서 남산까지 이어지는 보행축을 복원하고자 공사가 한창이다. 세운상가의 덱을 걸어보면 스타트업(start-up) 시설들과 도서관, 전자박물관 같은 시설들이 자리 잡고 있다. 그러다 보니 기존 상가에도 변화가 있어 다양한 아이디어가 결합된 식당과 식음료 가게가 들어서기도 하면서 일본 관광객들이 일부러 찾아올 정도로 명소가 되었다. 지도를 보아 가며 커피 가게를 찾아오는 관광객을 자주 본다.

　하지만 현재는 전임 시장이 추진해 왔던 도시재생사업과는 다른 도심 재개발사업에 보다 무게가 실리고 있다. 토지주들은 또 한 번 혼란스러울 것이다. 눈여겨보아야 할 대목은 도심에서 더 이상 건물 정비만이 아니라 생태계가 반영되고 문화와 예술이 함께하는 정비가 필요하다는 점이다.

그 비싼 땅에 들어선 을지로 영세공장 밀집 지역

세운상가와 그 주변 지역을 어떻게 정비할 것인가에 대한 정비계획 결정의 결정적인 관건은 영세공장이 도심에 존재하는 이유를 확인하는 것이다. 왜 도심의 그 비싼 땅에 영세공장이 자리 잡고 있느냐이다.

결론적으로 이야기하면 도심의 영세제조업 밀집 지역은 단일 공정만을 담당하는 영세공장들이 네트워크를 형성해 어떤 수요와 주문을 감당할 수 있는 하나의 큰 공장과 같은 역할을 한다는 것이다. 이런 생산방식을 '네트워크 생산체제'라고 한다. 예를 들어 인쇄출판업이라면 종이 인쇄, 특수 인쇄, 출력, 색분해 등을 비용, 시간, 품질의 조건에 따라 다양한 결과물을 만들어 낼 수 있다. 의류도 끊임없이 다양한 디자인, 색채의 시제품을 생산해 낼 수 있다. 그래서 동대문 의류 패션 타운이 존재할 수 있고, 종로5가 기념품 가게가 존재하는 것이다. 세계적인 대도시에도 이와 유사한 현상은 존재한다. 미국 뉴욕에도 가먼트 디스트릭Garment District가 있고, 일본 도쿄에도 도심제조업이 존재하고 있다. 그런데 문제는 노후화와 노령화이다. 영세상가와 제조업체는 노후 되었고 일하는 사람들은 노령화되어 경쟁력을 잃어 가고 있는 것이 현실에 와 있다.

이런 저간의 역사와 현실을 이해하면서 을지로 공장 밀집 지역에 들어가 보자. 을지로, 청계로의 영세공장 밀집 지역은 특성 없이 막 들어

영세공장 밀집 지역

영화 촬영지였다는 안내 간판

서 있는 것 같지만, 나름대로 질서가 있다. 도로변에는 건축자재상, 공구상들이 들어서 있고, 내부로 들어서면 영세공장과 같은 제조업들이 들어서 있다. 또 업종별로도 나누어져 있다. 종로는 귀금속, 을지로는 건축자재 관련, 청계로는 기계 금속 조립, 퇴계로는 인쇄업으로 크게 나누어 자리 잡고 있다.

영세 제조공장이 들어선 블록 내부는 간판들이 어지럽게 걸려 있다. 걷다 보면 곳곳에서 분진도 있고 소음도 들린다. 그런데 조금 더 들어가면 조명디자인을 하는 등과 같은 젊은 작가들의 작업공간을 여럿 발견할 수 있다. 도심 재생의 테스트베드(testbed)라고 믿어 의심치 않는다. 김기덕 감독의 피에타 촬영지였다는 소개 간판도 있다. 영화에서는 을지로 공장 지역이 어둡고 음침한 공간으로 묘사되고 있다.

그러나 지금 이곳에는 젊은이들이 몰려들고 있다. '힙지로'라고 불리며 뜨거운 장소로 떠오르고 있다. 겉모습은 그대로 두고 내부만 인테리어 공사를 해서 공장을 와인바나 커피 가게로 개조하는 공사가 활발하다. 그래서 언뜻 보기에는 바깥에서는 잘 알기 어렵다. 그나마 건물 외벽에 걸린 간판 하나로 알아보기도 하지만 아예 간판조차도 없는 와인바도 있다. 하지만 입소문을 타고 예약하지 않으면 빈자리를 차지하기 어려울 정도로 젊은이들의

영업 전의 와인바 입구

발길이 끊이지 않는다.

을지로 와인바 내부

그런데 문제는 임대료가 올라가면서 영세공장들은 점점 자리를 떠나야 할 일이 벌어지고 있다는 것이다. 이를 젠트리피케이션(gentrification)의 어두운 그림자라고 할 수 있다. 전통제조업 중심의 산업생태계는 4차 산업혁명 시대를 맞아 거듭나야겠지만, 우후죽순처럼 식음료나 술집으로 바뀌는 것은 지양해야 할 현상이다. 영등포구 문래동 공장 밀집 지역에 들어선 창작촌 또는 예술공장에서 우리는 이미 교훈을 얻은 바 있다.

또 한편으로는 대책이나 고민 없이 진행되는 도심 재개발사업이다. 도심 재개발사업이 산업생태계를 와해한다는 점포세입자들의 호소가 적힌 현수막을 곳곳에서 발견할 수 있다. 작업환경이 개선되고 신산업 기술과 디자인 실력을 갖춘 젊은 인력이 기존 고숙련 기술력을 갖춘 전통제조업과 창업, 협업하는 것이 미래 지향점이라 믿는다.

재개발구역 현장의 현수막

'젊은' 익선동과 '늙은' 낙원상가

종로구 익선동은 일제 강점기에 부동산 개발업자 정세권(鄭世權)
이 조선 왕족이 소유하고 이 땅을 일제에 앞서 매입하여 한옥단지로
개발했던 곳이다. 그럼으로써 조선인에게는 주거지를 확보하여 공급
하는 한편 일제의 세력 확장을 막는 효과를 거두었다고 알려져 있다.
최근에 이르러 나이가 들어 노후화된 익선동 일대가 도심 재개발구역
으로서 결정되었지만, 재개발방식에 따른 논쟁이 계속되었다. 여하히
양호한 일부 한옥을 잘 보전하면서 재개발사업을 할 것인가가 관건이
었다.

그러다 논쟁이 길어지면서 아예 도심 재개발사업을 포기하고 한옥
개량을 통해 뜨거운 지역으로 재탄생하게 되었다. 처음에는 고려 시
대 때부터 있었다고 알려진 '고려길'을 따라 주로 고깃집이 많이 들어
섰다. 이후에는 블록 내부의 한옥을 특징 있게 가다듬어 음식점, 커피

익선동 블록 내부

익선동 게스트하우스

숍, 술집 등 다양한 업종이 자리를 잡게 되었다. 좁은 골목마다 예쁜 소품 가게도 눈길을 끈다. 1920~1930년대의 '모던 경성' 차림으로 옷을 빌려 입고 다니는 젊은이들도 눈에 띈다. 인사동, 북촌과 가까워서 외국인 관광객이 많은 것도 특징이다. 그러다 보니 게스트하우스도 보인다. 명소가 되면서 가격은 '강남 수준'으로 올랐다. 만 원 한 장으로는 점심 한 끼와 차 한 잔을 해결하기 쉽지 않다.

인근에는 악기전문점이 많기로 유명한 '낙원상가'가 있다. 익선동에서 걸어가면 불과 3분 거리 안쪽이다. 1967년 건립된 낙원상가는 도로 위에 지어진 상가로 유명하다. 토지 부담 없이 상가를 지을 수 있었으니 분양가격이 싸서 좋았었다. 하지만 노후화되어 재건축하려니 토지 지분이 없어 고민이 많다. 주변 지역과 함께 개발하자니 주변 지역 토지주들이 좋아할 리가 없다. 과거의 훌륭했던 아이디어가 지금은 발목을 잡는 셈이다.

실버 극장과 낭만 극장

낙원상가에는 실버 극장과 낭만 극장이 있다. 실버 극장과 낭만 극장은 50세 이상이면 나이에 따라 2천~3천 원에 영화 한 편을 볼 수 있다. 천 원 한 장이면 커피나 차를 마실 수도 있다.

거리로 나오면 노인특화 거리 '락희거리'가 조성되어 있다. 무료급식소도 있고, 1천 5백 원짜리 국밥집도 있다. 여기에 1천 원이면 막걸리 한 잔이 더해진다. 물론 그 이상의 음식점도 있다. 자신들의 주머니 수준에 따라 선택의 폭이 달라진다. 이곳 이발소에서는 4천 원에 이발, 5천 원에 염색도 가능하다. 탑골 공원 뒤편으로는 여러 곳에서 바둑과 장기판이 벌어진다. 이 놀이에 많은 노인이 몰려 있다. 재미가 있어 관심을 보이는 것인지, 아니면 달리 놀거리가 없어 하릴없이 시간을 보내는 것인지 알 길이 없다. 노인특화 거리라고 하지만, 여자 노인은 없고 남자 노인이 대부분이니 '할아버지 거리'라고 하는 편이 맞다.

노인특화 거리 내 식당

익선동과 낙원동은 지금 서울의 모습을 생생하게 보여 주는, 살아 있는 서울의 한 단면이다. 세대 간 단절, 성별 괴리와 빈부의 격차를 집약적으로 느낄 수 있는 장소이다. 세대 공존, 남녀 공생, 경제적 포용은 그리 먼 이야기인가. 2천 원을 내고 먹는 국밥 한 그릇이 내내 목구멍을 뜨겁게 한다.

홍대 입구를 넘어 상수동까지

경쟁력 있는 골목상권의 특징 중의 하나는 지리적 확장성을 꼽을 수 있다. 대표적인 골목상권의 하나인 이태원 상권은 경리단길, 장진우 골목, 그리고 해방촌으로 넓혀 갔다. 홍대 상권도 시장 파워가 넘치면서 연리단길, 상수역까지 미친다. 최근 상수역 주변은 주로 한옥이나 단독주택을 개조하여 카페, 와인바, 의류 가게 등이 들어차고 있다. 상수역에서부터 한강 당인동 서울화력발전소까지 '상수동 카페거리'로 명명될 정도로 특화되어 있다. 서울화력발전소는 발전설비를 지하화하고 문화창작소로 거듭나고 있어 곧 문화예술의 중심으로 등장할 것으로 기대된다.

또 합정역 방면으로도 합정동 카페거리가 특화되어 있는데, 결국 상수역, 합정역 주변에는 카페 중심의 용도가 밀집된 형국이다. 먼저 상수역에서 출발하기로 한다. 극동방송 앞길로 접어들면 클럽 거리로 유명한 곳이 눈에 들어온다. 과거에는 락(rock) 공연장이 주축을 이루고 있었으나 지금은 재즈, 랩 등 다양한 영역의 공연장이 그 자리를 대신하고 있는 듯하다.

상수동 카페거리

클럽 거리

길 건너 KT&G의 상상극장에는 시네마와 쇼핑, 갤러리가 자리 잡고 있다. '홍통거리'에 접어들면 예쁘고 아담한 의류상점들이 즐비하다. 홍대 난타전용 극장도 보이고 홍대 문화공원, 소극장도 여전히 자리를 지키고 있다.

바로 남측에는 '서교예술실험센터'가 자리 잡고 있다. 지하층이 있는 2층 건물인데 때마침 프로젝트가 진행 중이라는 포스터가 있어서 건물로 진입해 보았지만, 만난 작가는 아직 준비되지 않았다며 시큰

서교예술실험센터

KT&G의 상상극장

홍통거리

둥하다. 이 동네에서도 작가가 지녀야 할 자존심과 약속의 중요성은 온데간데없다 싶어 크게 안타깝고 서운하다.

'홍통거리'에서 홍익로를 건너면 '걷고 싶은 거리'로 접어들게 된다. 각종 거리공연이 가장 활발하다. 계속 걷다 보면 큰 건물이 앞을 가린다. 큰 쇼핑몰이다. 과거 경의선이 폐철도가 되면서 지하화하고, 사라진 철로 상부를 '경의선책거리' 주제공원으로 조성하였다. 그 일부에 쇼핑몰을 조성하면서 대규모 호텔, 판매, 식당가가 들어서 있는 것이다. 양화로를 건너면 '경의선 숲길'로 이어진다. '연리단길'로 더 알려져 있다. 물길도 있고 운치 있게 공원이 잘 조성되어 있다. 그 주변을 저층 카페와 식당들이 둘러싸고 있다.

경의선책거리

다시 지하철 2호선이 다니는 양화로로 돌아오면, 양화로 변은 활발하게 공사 중이다. 공사 중인 건물은 주로 호텔과 복합시설이다. 복합시설은 저층부는 상가, 상층부는 오피스텔이 대부분이다. 이곳이 국내외 젊은이들이 많이 찾는 명소임을 부동산으로 보여 주고 있다. 다만 수많은 상가와 술집에 비해 턱없이 적은 수의 예술 및 전시 공간이 아쉽다. 어떤 호텔의 지하에 자리 잡은 미술관 하나가 외롭고 이채롭다. 이곳의 예술 현실은 그 미술관에서 만난, 한 치 앞을 볼 수 없는 짙은 어둠 속에 갇힌 인간군상을 표현한 작품과 크게 다르지 않다.

양화로변 신축공사 현장

문화예술의 보고, 리움미술관과 동대문디자인플라자(DDP)

서울에는 서울을 대표하는 내세울 만한 상설전시관이 없다고 해도 과언이 아니다. 예술의 전당 현대미술관, 세종문화미술관, 서울시립미술관 등이 있지만 주로 기획전 중심이어서 상설전시관으로서는 아쉬운 부분이 있다. 그런 중에 이태원에 있는 리움미술관은 언제나 편안하고 쉽게 찾을 수 있는 상설전시관이라고 할 수 있다.

리움미술관

리움미술관은 마리오 보타Mario Botta, 렘 쿨하스Rem Koolhaas, 장 누벨Jean Nouvel의 3인 건축가들이 자신들의 건축특징을 고스란히 담아놓은 작품이다. 특히 고(古)미술실을 찾으면 새삼 청자, 백자와 불교미술에서 깊은 감동에 젖을 수 있다. 청자에서 양각, 음각, 상감, 투각 기법은 물론 화로, 부처님 공양을 위한 정병에 이르기까지의 다양한 청자 쓰임새, 그리고 조형미와 균형감, 섬세함을 감동으로 확인할 수 있다.

동대문디자인플라자(DDP)는 '디자인·창조산업의 발신지'를 모토로 하는 복합문화공간이다. 서울 도심 패션 거리에 자리 잡은 DDP (Dongdaemun Design Plaza)는 외국인들도 찾고 싶어 하는 명소 중의 하나이다. 동대문디자인플라자는 이라크 출신 건축가 자하 하디드

DDP 외부공간

Zaha Hadid가 설계했다. 그녀는 해체주의로 분류되는 영국 건축가인데, DDP 완공 후 2년 뒤인 2016년에 세상을 떠났다. 대지 64,000m², 연면적 126,000m²의 지상 4층 건물이다. 앞에서 보면 동대문디자인플라자(DDP)만 보이지만, 뒤로 돌아가면 동대문 일대의 역사를 기록한 동대문 역사문화관을 만날 수 있다.

동대문디자인플라자는 마치 우주선 모양으로 4만5천 개의 알루미늄 판넬로 지어졌는데, 알림터(Art Hall), 배움터(Museum), 살림터(Design Lab)로 구분된다. 컨벤션, 전시 및 박물관, 디자인 및 판매, 그리고 먹거리와 쇼핑 기능이 자리 잡고 있다.

먼저 컨벤션 기능이 들어선 알림관을 찾았다. 전시 준비가 한창이어서 살짝 둘러보고는 복원된 이간수문(二間水門), 치성(雉城)을 지나 공원을 일별한다. 국내에서 최초로 야간경기를 위해 설치했던 조명탑 하나를 철거하지 않고 있었는데, 최근에 LED로 교체 설치하여 특별 행사 때 활용한다. 살림관, 배움터 지붕은 건조환경에 유리한 잔디로 덮여 있어 인상적이고, 또 곳곳에 지열 파이프와 열선이 설치되어 있는 등 환경을 고려한 설계로 인해 서울시로부터 친환경 인증을 받았다.

잠시 쉬었다가 알림터에서 진행되고 있는 〈자하 하디드 360°〉를 둘러본다. 건축가 하디드는 원래 학부에서 수학을 전공하면서 기하학에 관심을 가졌고 그의 건축디자인이 이에 크게 영향을 받았다. 그 외에도 풍파에 깎인 바위, 접힌 양탄자 등 형상화와 기하학적 상상력이 뛰어나다는 것을 다시 한 번 확인한다.

부암동/성북동에서 문학 답사를 나선다

부암동은 자하문 터널 일대를 가리키는 지역이다. 옛날 모습을 고스란히 간직하고 구불구불한 골목길을 가진 동네이다. 요즘 들어 곳곳에 개성 넘치는 카페와 가게가 줄지어 들어서고 있다.

윤동주 문학관부터 답사에 나섰다. 과거 옥인 아파트에 급수하기 위해 사용되던 가압장과 물탱크가 아파트 철거로 쓸모가 없어지자, 그 용도를 고민하게 되었단다. 인근 누상동에서 시인 윤동주가 3개월 하숙 생활했다는 기억에 의존해 그의 문학관을 짓기로 했다. 문학관 내 많지 않은 자료와 10여 분의 영상자료에도 불구하고 그의 문학과 삶에 숙연해지기 충분하다.

윤동주 문학관

현재 유일하게 남아 있는 서울 사소문(四小門)의 하나인 창의문(彰義門)을 넘는다. 부암동으로 진입하여 '무계정사(武溪精舍)'로 향한다. 무계정사는 안평대군의 개인 별장으로 많은 문인과 예인들의 교유 장소로 유명하다. 그러나 그가 역적죄로 처형되고 나서는 버려진 뒤안길이 되었다. 한때 '빈처'의 작가 현진건이 살기도 했다. 그 이후 방치되어 있다시피 했으나 지금은 높은 담으로 가려진 개인 소유의 유형문화재가 되었다. 개발제한구역 관련 법 개정으로 한시적 건축이 가능했기에 소유주가 조성한 것으로 추정되지만, 아쉬움을 떨쳐 버릴 수 없다. 참고로 인근의 '무계원(武溪園)'은 종로에 있던 고급 요정 '오진암(梧珍庵)'을 이축하여 조성한 전통문화 공간일 뿐, 무계정사의 역사와는 아무 관련이 없다.

다시 반대편으로 넘어와 환기미술관을 찾았다. 김환기 화백은 한국 추상미술의 1세대로서 한국 모더니즘을 주도했던 작가이다. 특히 한국적 정서로 아름답게 조형화하여 국제적 명성을 얻은 작가이다. 우리나라에서 최고 경매 낙찰가를 기록한 화가로 알려져 있다. 그의 러브스토리는 유명하다. 그는 이혼남으로 있다가 김향안을 만나 재혼한다. 김향안도 천재 시인 이상을 만나 결혼했지만, 그녀의 나이 21세에 일본에서 이상과 사별한 신여성이었다. 사별 후 김향안은 작가로 활동하다 김환기를 만나게 되면서, 그의 작품활동을 이해하고 지원을 아끼지 않았다. 김환기 작가가 국제적으로 이름을 알릴 수 있게 된 것도 김향안 덕분이라는 이야기가 정설로 받아들여진다.

길을 따라 계속 올라가면 백사실 계곡, 다른 이름으로 백석동천을 만나게 된다. '백사실'은 백사 이항복의 별장이 있어 붙여진 이름이고, 백석동천은 흰 돌이 많아서 붙여진 이름이다. 백석동천에 이르면 건물 초석과 연못이 남아 있다. 주택가에서 겨우 500m 정도 거리에 있지만, 맑은 계곡물이 흘러 마치 강원도 심산유곡에 온 듯하다. 서울에

창의문

무계정사

이런 깊은 산이 있었나 싶다.

그런데 이곳에 생활하는 부암동 주민으로 돌아와 보면, 불편이 한두 가지가 아닌 듯싶다. 경사가 급해서 내려오기도 힘들 정도이니 올라가는 수고는 말해서 무엇 할까. 눈이라도 오면 승용차도 무용지물이 될 터이고 택시라도 타고 오려면 기사 눈치 보느라 좌불안석일 것이 뻔하다. 그 흔한 편의점도 보이지 않는다. 그래도 평당 1천5백만 원 정도라고 하니 그 가치는 불편함을 즐기고 사는 사람들에게 허여된 무릉도원 값이 아닐까.

그리고 성북동으로 넘어오면 길상사(吉祥寺)를 만나게 된다. 길상사는 과거 '대원각(大圓閣)'이라는 요정이었던 곳이다. 그 주인이었던 자야 김영한이, 무소유로 유명한 법정 스님으로부터 '길상화'라는 법명을 받고 헌납한 절이다. 시절을 잘 맞추면 길상사 입구에서 소담스럽게 핀 상사화를 마주할 수 있다. 상사화는 잎과 꽃이 만날 수 없어 서로 생각만 한다는 꽃이다. 대원각 주인 자야는 월북 시인 백석과 애절한 사랑 이야기로도 유명하다. 월북 시인으로 치부되는 백석이지만, 북한에서는 낭만주의적 시풍으로 인해 사상적으로 혹사당하고 노동자로서 생을 마감하였던 비운의 시인이기도 하다. "가난한 내가 아름다운 나타샤를 사랑해서 오늘 밤은 푹푹 눈이 나린다"로 시작하는 〈나와 나타샤와 흰 당나귀〉라는 시는 특히 유명하다.

역시 월북 작가 이태준이 기거했던 '수연산방(壽硯山房)'도 일부 훼손되기는 했으나 그 아름다운 모습을 잘 간직하고 있다. 지금은 찻집으로 이용되고 있다. 대개의 월북 작가와 마찬가지로 그를 비롯한 그

시티도슨트

백사실 계곡

백석동천

의 가족들도 결국 북한에서 극단적인 비운을 맛보게 된다. 글 잘 쓰기로 유명한 이태준은 조선중앙일보 기자로 재직할 때 이상의 〈오감도〉를 추천하여 이상의 이름을 널리 날리게 했다는 일화로 유명하다.

인근의 보화각(葆華閣)은 간송미술관의 옛 이름이다. 일제 강점기에 간송 전형필이 가진 재산을 모두 털어 문화재를 되찾아 와서는 보화각에 보관하였으며, 오늘날 간송미술관으로 다시 탄생했다.

월북 작가 이태준의 수연산방

해방촌을 재생하다

해방 이후 일본인 소유였던 주택을 '적산가옥(敵産家屋)'이라 한다. 자기 나라에 남겨진 적들 소유의 집이라는 뜻이다. 용산구 후암동 일대의 '문화주택', 이태원 일대의 건물과 가옥 등의 적산가옥은 일본인과의 인연이나 미군정청의 연줄에 의해 모두 힘 있는 사람들이 차지했다. 지금도 후암동 일대에 주로 남아 있는 '문화주택'은 일본식과 서양식을 절충한 주택인데, 응접실이나 현관에 문을 단 주택이라고 할 수 있다.

그러다가 광복과 한국동란으로 이후 북한으로부터 밀려든 피난민과 해외 귀환 동포들에게는 번듯한 문화주택이 자리 잡고 있던 후암동 일대는 그림의 떡이었다. 후암동 너머 당시 빈 공간으로 남아 있던 용산구 용산 2동과 3동 일대에 밀려들어 판자와 가마니로 만든 '판잣집'을 만들어 살게 되었다. 이렇게 해방촌의 역사가 시작되었다. 그리곤 곧 어렵고 힘든 사람들이 몰려 사는 빈민촌의 대명사가 되었다.

그러다가 서울 '카페거리'의 효시가 되었던 이태원 경리단길의 카페들이 오르는 임대료 때문에 더는 견디기 어려워 하나둘 떠나기 시작했다. 그러면서 길 건너 고갯마루에 있던 해방촌에 카페가 자리 잡기 시작했다. 서울시에서 1994년 '정도 6백 주년 사업'의 일환이었던 남산 제 모습 찾기를 시작하면서 남산 주변의 건물에 대해 높이 규제를 하였다. 자연스레 해방촌 일대 2, 3층 건물의 옥상에서는 서울시가지 전체와 남산타워를 조망할 수 있게 되었다. 더는 높은 건물이 들어서기 어렵고 또 급경사 지대라 임대료가 크게 오를 가능성도 적었다. 그래서 최근 루프탑 형식의 찻집과 와인바가 많이 들어선 것도 이런 연유와 관련이 있다.

해방촌에 가는 방법은 후암동 쪽에서 가는 길도 있지만, 경리단길에서 가는 길을 택했다. 좌측 편 남산자락으로 올라가는 도로 입구에 항상 02번 마을버스가 대기하고 있다. 이를 이용하여 해방촌오거리에서 내리면 힘든 코스는 끝났다. 내려서 해방교회 방향으로 걸어가면 신흥시장을 만날 수 있다. 여기가 어려운 시절에는 가장 번잡한 마을의 중심이었다.

도시재생 사업지구로 지정되면서 다양한 마을만들기사업이 활발하였다. 신흥시장 안에 있던 〈해방촌 도시재생지원센터〉가 각종 전시회도 열고 있고 자치학교를 운영하면서 재생 활동의 중심이 되었다. 하지만 주거환경의 쾌적성이 침해되는 문제로 거주민의 불만이 높았던 것도 사실이다. 최근 서울시장이 바뀌면서 이런 '도시재생지원센터'에 대한 지원을 없애기로 하면서 사라져 버렸다.

현재 시장의 낡은 지붕을 걷어내고 캐노피(canopy) 형태의 지붕이 덧씌워졌다. 그리고 다양한 테마를 가진 카페가 전통시장을 차지했다. 위스키 바, 의류매장 입구를 가진 술집, 벽과 같은 마감처리를 해서 입구를 찾을 길 없는 카페 등이 MZ세대들의 호기심을 자극한다. 그러니 밤에는 '카페 천국'이다.

신흥시장 내부

정동에서 한국의 근현대사를 만나다

대중가요에서 나오는 '정동길'. 정동은 이곳에 있었던 태조 이성계의 계비 강씨(康氏)의 정릉(貞陵)에서 유래한다. 우리가 흥시장에서 본 남산타워로 이장했기 때문에 붙여진 이름이다.

오늘 출발을 덕수궁(德壽宮)부터 시작하려 한다. 덕수궁의 역사는 임진왜란 때 의주에서 돌아온 선조가 월산대군 사저 등에 행궁을 조성하면서 시작한다. 그 이후 경운궁(慶運宮)으로 이름이 바뀌었다. 1897년 고종이 아관파천으로 러시아공사관에서 경운궁으로 돌아와, 환구단에서 대한제국을 선포한다. 이후 경운궁에는 본격적인 궁궐들이 신축되었고 대한제국의 중심으로 등장하였다. 하지만 1907년 헤이그 특사파견을 트집 잡아 고종은 강제 양위되었고 즉위한 순종이 창덕궁으로 거처를 옮기면서 경운궁이 덕수궁으로 바뀌게 된다. 1919년 고종의 승하 이후에는 일제에 의해 공원화됨으로써 대한제국의 원형이 훼손되어 버리고 만다.

국립현대미술관 덕수궁관

덕수궁 내에는 여러 전각이 있다. 여느 궁궐과 달리 서양식 건물들이 있어 이채롭다. 유럽풍의 석조전은 고종황제가 외국인 사절을 만나던 곳이며, 나중에 미·소 공동위원회가 열렸던 곳이다. 석조전 서관은 국립현대미술관 덕수궁관으로 이름이 붙여졌다. 〈이집트 초현실주의자전〉, 〈변월룡전〉 전시회를 다녀온 기억이 있다. 미술관 관람을 마치고 고궁을 산책할 수 있는 추가 시간을 가질 수 있다는 것이 더없이 편안하고 여유롭게 느껴졌다.

대한문 앞에서 돌담길을 따라 걸어가면 작은 회전교차로가 나타난다. 여러 갈래 길이 나오는데 가장 왼편이 서울시립미술관 서소문 본관으로 가는 길이다. 1시 방향으로 가면 그 길이 정동길이다. 정동극장이 눈에 띈다. '난타 공연'을 처음으로 본 공연장이기도 한 인연이 있다. 조금 더 올라가면 최근 복원되어 개방된 '중명전(重明殿)' 입구가 나온다. 을사늑약이 맺어졌던 비운의 현장이다. 과거에는 덕수궁 내에 자리 잡았었지만, 지금은 미 대사관저를 사이에 두고 나누어져 있는 처지가 되었다. 중명전은 처음에 황실도서관으로 지어졌으나, 고종의 집무실로도 사용되었다고 한다. 내부에는 을사늑약이 맺어졌던 그 날처럼 을사오적이 앉아 있던 자리들이 배치되어 있고, 고종의 어진(御眞)들이 전시되어 있어 사실감이 더한다.

중명전 뒤쪽으로 가면 정동공원 위에 들어서 있는 옛 모습의 러시아공사관을 만난다. 거기에는 고종이 옛 러시아공사관에서 덕수궁으로 다녔던 아관파천 역사 현장이 '고종길'로 복원되어 있다. 마치 급박하고 옹색했던 격동기 근세사의 한 장면에 들어와 있는 듯 만감이 교

중명전

차한다.

　고종길을 거쳐 나오면 성공회성당에 다다른다. 성공회성당의 정확한 명칭은 '대한성공회 서울주교좌성당'이다. 1926년에 1차 완공되었고 1996년에 2차 완공된 로마네스크(Romanesque) 양식의 건물이다. 둥근 반원형 아치문과 창문, 두꺼운 벽이 그 전형을 보여 주고 있다. 외형은 십자가 형상이며 앱스(apse)를 가로지르는 양 측면의 익랑(transept)을 통해 건물 진입이 이루어지고 있다. 교회 중앙을 차지하는 나이브(naive)의 위에 실내로 빛이 들어오도록 설치된 고창(clerestory)이 뚜렷하다. 뒤쪽에는 주교집무실과 사목실이 자리 잡고 있다. 주교집무실은 경운궁 양이재(養怡齋) 건물을 매입하여 이전한 건물로 서울시 등록문화재이다. 사목실은 양팔을 벌리고 있는 모습의 아담한 한옥이라 더 정겹다.

이곳과 더불어 좀 더 많은 성당의 건축양식을 볼 수 있는 곳이 있다. 바실리카(Basilica) 양식의 원형을 보고자 한다면 강화도에 있는 대한성공회 강화성당을, 고딕(Gothic) 양식의 성당은 민주화의 성지인 명동성당에서 다시 한 번 천천히 확인하면 좋겠다.

성당의 지근거리에 옛날 국회의사당, 서울시청 앞 광장이 위치하고 있다. 지금은 서울특별시의회가 자리를 잡은 옛날 국회의사당은 1975년 여의도 국회의사당으로 옮기기 전까지 20년 동안 대한민국 격변기에 의정의 중심이었다. 또 서울시청 앞 광장을 '서울광장'이라 한다. 이곳이 1986년 6월 항쟁과 2002년 월드컵 응원 때 뜨거운 함성이 메아리쳤던 피와 땀의 현장이다. 여기에서 멀지 않은 거리에 옛날 미문화원과 민주인사의 단골 시국선언 장소였던 다방 세실도 있다. 민중의 힘으로 민주화를 이룬 자랑스러운 이 나라의 상징이다.

압축적인 경제성장에서도 민주화를 실현한, 그 한가운데에 서울이 있었다. 나아가 서울은 '한류 문화'라 이름 붙여진 대중문화의 파고를 만들고, 글로벌 도시와 당당히 경쟁하는 도시로 손색이 없다. 광복 80년 만에 이 자리까지 다다른 것도 자랑스럽다.

그러나 가려진 곳곳에 우리의 역사와 문화, 그리고 심지어 아픔이 자리 잡고 있다. 이제 그것들을 찾아서 아끼고 가다듬어, 우리의 진면목으로 당당히 내보였으면 한다. 그러자면 '사람'에 대한 따뜻한 애정이 필요하다. '된장녀', '한남'을 탓하고, 버릇없는 젊은이를 비난하고 늙은이의 보수성을 힐난한다. 결국 서로서로 남 탓만 하다 보니 한국민 전체가 문제아인 셈이다. 세계 최고의 교통사고 사망률, 자살률, 사기 범죄율도 부끄럽다.

성공회성당 외관

성공회성당 사목실

또 노후하고 낡은 것들을 무조건 대규모 재개발로만 대응하는 시행착오도 그만둘 때가 되었다. 내면 깊숙한 소리에 더 귀를 기울였으면 한다. '자랑스러움'만 말고 '반성'의 울림 말이다.

참고문헌

1. 강우원, "세운상가의 반세기", 김범식·남기범 편, 《서울의 공간경제학》, 나남, 2018
2. 서울특별시, 〈세운 일대 산업 특성 조사보고서〉, 2020
3. 경신원, 《흔들리는 서울의 골목길》, 파람북, 2019
4. 모종린, 《골목길 자본론》, 다산북스, 2020
5. 서울특별시, 〈정동 일대 도시재생활성화계획〉, 2020

서울의 거리: 사람을 위한 길인가, 차량을 위한 길인가

맺으면서

손가락으로 꼽아 보니 다녀왔던 세계도시의 수가 적지 않았다. 학회에 참석하며, 학생들과의 답사프로그램으로, 그리고 순수하게 배낭여행으로 다녀왔던 기록이 제법 쌓였다. 이런 기록의 원천을 도시 탐방 또는 기행이라고 이름 붙인다면, 이 도시 탐방과 기행을 통해 여러 도시에서 받았던 감동은 절대 사소하지 않았다.

뉴욕은 세계도시라는 위상에 걸맞게 과감한 도시개발을 미루지 않았다. 그러나 그 개발이 이루어지기 전까지는, 소소한 전통과 뿌리 문화를 보전하는 공존과 조화의 노력을 확인할 수 있었다. 그야말로 '질감 있는 도시'였다.

런던은 근대 산업화와 민주주의의 발아 도시로서 깊은 품격을 갖추고 있었다. 그러면서도 근대 산업화의 남은 흔적이 부채가 되어 돌아왔고, 이를 극복하려는 새롭고 다양한 시도가 진행되는 현장도 목격하였다.

도시 탐방하는 내내 엄청난 문화재와 예술 작품이 부러웠던 파리도 역시 사람 사는 곳이었다. 불편과 편견, 소외가 존재하였다. 그리고 그 불합리가 예술로 돌아왔다 싶어 놀랍다 못해 감동이었다.

암스테르담은 운하 도시로서의 물리적 한계를 극복하고 있었다. 국제적 금융도시로서의 수요에 대응하면서 다양한 도시재생 프로그램으로 문화와 예술을 담아내고 있었다. 마치 카멜레온 같은 도시처럼 느껴졌다.

스페인은 한때 영화를 누렸던 나라, 민주화의 몸살을 앓은 나라,

그리고 수많은 예술가와 문필가를 낳은 나라였다. 바르셀로나에서도 역사와 문화예술이 도시재생과 함께하고 있었다. 신대륙에서 보여 주었던 탐욕적인 정복자에게서 문화예술의 향기를 느낀다.

같은 나라이지만 도시마다 다른 분위기를 보여 주기도 했다. 이탈리아 로마에서는 명예를 느낄 수 없었고 대신 장사 냄새가 났다. 그런데 피렌체에서는 자부심과 장인정신이 느껴졌다. 도시 전체에 이야기가 있고 문화와 예술이 있었다. 도시탐방객은 행복했다.

그런가 하면 도쿄는 찾을 때마다 사람 중심으로 편안함이 유지될 수 있도록 기울이는 노력들이 한 눈에 보였다. 공간 이용의 효율성을 높이려는 입체, 복합개발도 궁극적으로 사람 중심이었고, 도시를 걷는 내내 편안했다.

사막 한가운데에서 두바이는 무에서 유를 만들고 있었다. 어디와도 비교할 수 없는 열악한 여건에서 상상력으로 창조를 만들어 내고 있었다. 꿀 수 있는 꿈은 어디까지이며, 사람의 힘으로 만들 수 있는 것은 어디까지일까?

또 싱가포르에서 도시국가로서의 경쟁력을 확인할 수 있었다. 꼼꼼하게 관리되고 있었다. 그런 중에도 다민족 공존의 문화가 일상에서, 공간에서 자연스럽게 자리 잡고 있었다. 그리고 홍콩은 이국의 관광객에게 참 편안한 도시였다. 하지만 정치·경제적 영향력에 의해 도시가 압제적인 상황에 놓이면서 더 이상 도시의 매력을 발휘할 수 없는 처지가 되었다. 도시의 물리적 환경은 도시 매력의 반에 불과할 뿐이다. 민주 자유 재생을 기대해 본다.

메모와 사진 자료를 정리하고 보니 그 감동이 다시 가슴 벅차게 한다. 생각해 보면 도시마다 고유의 도시문화와 예술적 정서를 가지고 있었다. 그 배경에는 고유의 도시 역사가 자리 잡고 있었다. 그러면서 다양한 전략으로 경쟁력을 키우고 있었다. 그런데 세계도시에서 공통으로 중시했던 것은 결국 사람이었다. 사람을 사랑하는 마음이 있었다. 이것이 세계도시가 가진 기본 철학이었고 가치였다는 생각이다.

여기서 우리 도시의 미래를 생각하게 된다. 미래 도시는 인구절벽 시대에 도시를 관리하는 철학을 분명히 해야 할 것이다. 지금 뜨거운 이슈가 되고 있는 주택공급의 논리에 매달려 무분별한 개발과 외연적 확산을 방치했다가는 우리의 도시는 곧 위기에 봉착할 것이다. 아니 이미 위기에 봉착했다. 이에 대응하는 도시 철학을 뉴어바니즘(new urbanism) 정도로 해두자. 주요 역세권에는 복합적, 입체적 개발을 도모하고, 편안한 근린주구를 담아내야 할 것이다.

더 이상 고층 건물이 도시의 경쟁력이 아니다. 빠르게 달리는 자동차가 경쟁력이 아니다. 특색 있는 설계를 담은 암스테르담Amsterdam의 건축물이 경쟁력이다. 세인트 폴 대성당을 조망 대상으로 정한 런던London의 도시 경관이 경쟁력이다. 완만한 경사를 유지하는 도쿄Tokyo의 보도가 경쟁력이다. 인종적인 불안이 없는 싱가포르Singapore의 통합적인 정책이 경쟁력이다. 여기에 반드시 문화예술이 함께한다. 미술에 따뜻한 시선과 일상의 시간을 쏟는다. 그리고 이 모든 것의 기저에는 사람이 있었고 사람에 대한 애정이 있었다. 사람의 가치에 대한 진정한 존중이 내재하여 있다. 네트워크Networks에서 아방가르드Avant Garde가 있어야 하는 이유이다.

물론 아직 정리되지 않은 도시가 더 있다. 로마, 리스본, 나가사키 그리고 부산. 그리고 가 보지 못한 도시도 적지 않다. 남은 도시를 답사하고 정리하는 작업도 '도시는 사람이다'. '도시는 사람에 대한 애정이다'를 확인하는 일련의 과정일 것이라고 믿어 의심치 않는다.

도시학자와 떠나는 세계도시기행

시티도슨트

ⓒ 강우원, 2023

초판 1쇄 발행 2023년 6월 20일

지은이   강우원
펴낸이   이기봉
편집   좋은땅 편집팀
펴낸곳   도서출판 좋은땅
주소   서울특별시 마포구 양화로12길 26 지월드빌딩 (서교동 395-7)
전화   02)374-8616~7
팩스   02)374-8614
이메일   gworldbook@naver.com
홈페이지   www.g-world.co.kr

ISBN   979-11-388-2053-0 (03530)